MANUEL
DE L'INGÉNIEUR

DES PONTS ET CHAUSSÉES

RÉDIGÉ

CONFORMÉMENT AU PROGRAMME

ANNEXÉ AU DÉCRET DU 7 MARS 1868

RÉGLANT L'ADMISSION DES CONDUCTEURS DES PONTS ET CHAUSSÉES
AU GRADE D'INGÉNIEUR

PAR

A. DEBAUVE

INGÉNIEUR DES PONTS ET CHAUSSÉES

3me FASCICULE

AVEC 46 FIGURES ET 3 PLANCHES

—

Géologie et minéralogie

PARIS

DUNOD, ÉDITEUR

SUCCESSEUR DE VICTOR DALMONT

LIBRAIRE DES CORPS DES PONTS ET CHAUSSÉES ET DES MINES

Quai des Augustins, 49

—

1872

Sur les demandes réitérées des Conducteurs des ponts et chaussées, nous commençons aujourd'hui la publication du *Manuel de l'ingénieur des ponts et chaussées*, contenant, outre certaines parties des cours de l'École polytechnique, nécessaires comme introduction, tous les cours de l'École des ponts et chaussées. Le prix sera calculé pour chaque fascicule à raison de 45 centimes par feuille grand in-8° très-compacte ou par deux planches demi-raisin. Les feuilles avec vignettes seront comptées de 60 à 70 cent. Le montant de la souscription peut être payé en deux à-compte de 25 à 30 francs les 5 avril et 5 octobre de chaque année.

Prix des trois premiers fascicules, 3 grands in-8 avec Atlas, 30 fr.

SOUS PRESSE

4ᵐᵉ Fascicule. EXÉCUTION DES TRAVAUX. Grand in-8 avec Atlas de 54 pl. Prix : 24 fr.

Les fascicules ne seront pas vendus séparément jusqu'à nouvel ordre. — En tous cas, ils coûteront 25 p. 100 en plus du prix pour les souscripteurs à l'ouvrage complet.

ANNALES DES PONTS ET CHAUSSÉES
Période quinquennale (1866-1870)

Depuis 1866, époque de notre nouveau traité avec l'administration, les *Annales des ponts et chaussées* ont pris un caractère tout spécial d'appropriation aux besoins et aux désirs des conducteurs.

Elles paraissent tous les mois, contiennent, outre le personnel, complété des renseignements les plus détaillés sur les conducteurs, dans chaque mois les mutations au complet de ce personnel spécial.

Il y a paru un grand nombre de décisions témoignant du parti pris par l'administration de tenir compte des aspirations du corps des Conducteurs des ponts et chaussées et de leur donner satisfaction, telles que les règlements relatifs au contingent d'ingénieurs pouvant être pris parmi les Conducteurs et au nouveau programme d'examen, etc., etc.

Pour faciliter aux conducteurs l'acquisition de cette période quinquennale (1866 à 1870) et la souscription aux années futures, nous consentons à leur envoyer franco, au prix de Paris (20 francs au lieu de 24), les cinq années 1866 à 1870, soit pour 100 francs. Ces 100 francs et les 24 francs correspondant à l'abonnement des années 1871 et suivantes pourront ne nous être versés que par à-compte annuels de 30 francs (ce qui fait une minime dépense de 2 francs 50 centimes par mois).

MANUEL
DE L'INGÉNIEUR

DES PONTS ET CHAUSSÉES

CONFORMÉMENT AU PROGRAMME

ANNEXÉ AU DÉCRET DU 7 MARS 1868

RÉGLANT L'ADMISSION DES CONDUCTEURS DES PONTS ET CHAUSSÉES
AU GRADE D'INGÉNIEUR

PAR

A. DEBAUVE

INGÉNIEUR DES PONTS ET CHAUSSÉES

3me FASCICULE

AVEC 46 FIGURES ET 3 PLANCHES

Géologie et minéralogie

PARIS

DUNOD, ÉDITEUR

SUCCESSEUR DE VICTOR DALMONT

LIBRAIRE DES CORPS DES PONTS ET CHAUSSÉES ET DES MINES

Quai des Augustins, 49

GÉOLOGIE ET MINÉRALOGIE

PROGRAMME DES MATIÈRES

1. OBJET DE LA GÉOLOGIE. — Ses applications aux travaux publics. — Définition des mots : minéral, roche, couche, terrain, formation.

2. TERRAINS. — Division des terrains stratifiés et terrains non stratifiés. — Terrains métamorphiques — Terrains de transport. — Terrains volcaniques. — Soulèvements. — Chaînes de montagnes.— Vallées.—Principes sur lesquels est fondée la division des terrains stratifiés : superposition et concordance des couches ; débris organiques. — Description sommaire des terrains ; leur distribution sur le sol de la France ; leur aspect général, leurs étages principaux. — Terrains de diluvium et d'alluvion.— Modifications actuelles des rivages et des cours d'eau. — Dunes, plages, barres, deltas. — Cartes géologiques; coupes.

3. MINÉRAUX. — Compositions et caractères des minéraux qui constituent les roches principales : chaux carbonatée, dolomie, chaux sulfatée. — Quartz, feldspath, mica, talc, amphibole, pyroxène, argile. —Combustibles minéraux : anthracite, houille, lignite, tourbe.

4. ROCHES. — Composition et caractères des roches principales : granites, gneiss, schistes, porphyres, trachytes, basaltes, laves. — Calcaires, dolomies, brèches, poudingues, conglomérats, argiles, marnes sables. — Modes divers de formation des roches.

GÉOLOGIE ET MINÉRALOGIE

TABLE DES MATIÈRES

GÉOLOGIE ET MINÉRALOGIE

CHAPITRE PREMIER

OBJET DE LA GÉOLOGIE

Ses applications aux travaux publics. — Définition des mots : minéral, roche, couche, terrains, formation.

La géologie est l'étude de la terre. Elle s'occupe de la physionomie générale extérieure de notre globe, de la configuration des montagnes et des vallées ; mais cette première partie de la géologie est moins intéressante que la seconde, qui a pour but l'étude de la composition intérieure du globe terrestre ; elle s'occupe de la constitution chimique et physique des matières qu'on y rencontre, de la place qu'elles ont les unes par rapport aux autres, de leur âge relatif et de la manière dont elles ont pris naissance.

Ce n'est point tout ; on rencontre dans les diverses couches du globe des débris de végétaux et d'animaux, aujourd'hui disparus ou transformés ; la géologie les reconstitue, les fait revivre, les classe et montre leurs rapports avec les animaux et les végétaux que nous connaissons.

La terre, comme tout ce qui existe, se modifie sans cesse ; des montagnes s'élèvent, des volcans s'allument, des torrents se creusent un lit, des courants marins d'une puissance énorme changent de direction, des glaciers se meuvent entraînant une grande masse de matières solides. Voilà des phénomènes que le géologue ne peut laisser de côté, car, outre qu'ils présentent par eux-mêmes un grand intérêt, ils servent à expliquer les modifications anciennes.

La géologie a donc des liaisons nombreuses avec la géographie ou description de la surface du globe, avec la physique et la chimie qui étudient les phénomènes produits au contact des corps, ainsi que les propriétés internes et externes de ces corps, avec la météorologie et l'hydrographie, avec la mécanique, avec les sciences naturelles qui s'occupent de l'étude des animaux et des végétaux.

Application de la géologie aux travaux publics. — La définition précédente fait pressentir tout l'intérêt qu'offre la géologie à l'ingénieur chargé de travaux publics.

Il est important de connaître, par exemple, la nature d'un terrain dans lequel on ouvre une tranchée ; nous avons vu que l'on n'a pu, malgré de grands efforts, consolider le talus de certaines tranchées ouvertes dans l'argile; c'est ainsi que sur la ligne de Paris à Orléans, on a abandonné la tranchée d'Ablons et qu'on a dévié le chemin de manière à suivre les bords de la Seine au lieu de couper le coteau.

Lorsque l'on prépare un projet de tunnel, la connaissance géologique des couches que l'on a à traverser permet d'apprécier la plus ou moins grande difficulté qu'on rencontrera dans le travail, de savoir si l'on pourra déblayer sans crainte une grande section à la fois, ou si l'on sera forcé de recourir à des travaux de consolidation coûteux. Suivant le terrain traversé, il faudra former les parois du tunnel d'une voûte très-épaisse ou très-mince; dans certains cas bien rares, on gardera comme parois le rocher lui-même.

La connaissance des couches à traverser pour forer un puits est, on le conçoit, d'une importance capitale.

Dans un autre ordre d'idées, en ce qui touche les matériaux de construction, la géologie est fort utile à connaître. D'après la constitution d'un pays, on sait si l'on a quelque chance d'y rencontrer de bonnes pierres, résistantes et inaltérables, ou encore des chaux hydrauliques et du plâtre.

Définitions des mots : minéral, roche, couche, terrains, formation. — On appelle minéral toute substance, que l'on rencontre dans la nature, formant un composé chimique bien défini et non un mélange. Le marbre blanc (carbonate de chaux pur), le plâtre pur (sulfate de chaux), le cristal de roche ou quartz (silice), les minerais purs (pyrites, galène, etc....), le kaolin (argile pur ou silicate d'alumine), sont des minéraux.

Quelquefois, les minéraux se rencontrent en assez grandes masses pour former des roches; mais les roches sont le plus souvent un mélange de minéraux. Ainsi le granite est formé du mélange de trois minéraux : quartz, feldspath et mica

Le minéral est l'individu ; la roche est la réunion d'individus de la même famille ou de familles différentes, de sorte que l'on distingue les roches simples et les roches composées.

Certaines roches, dites sédimentaires, dont nous parlerons plus loin, se présentent en masses à faces parallèles d'épaisseur plus ou moins forte, que l'on appelle couches.

Un terrain est une série de roches, qui présentent des caractères communs et que l'on trouve toujours réunies les unes aux autres ; ces roches forment donc un ensemble particulier, un véritable individu, auquel on donne le nom de terrain.

Les terrains, à leur tour, se classent en formations ; la formation est l'ensemble des terrains qui se rattachent les uns aux autres par quelques caractères communs, et, surtout par ce fait, qu'ils ont pris naissance pendant la même période. Chaque formation correspond de la sorte à une période, pendant laquelle le globe terrestre s'est montré sous un aspect particulier.

CHAPITRE II

TERRAINS

Divisions des terrains en terrains stratifiés et terrains non stratifiés. — Les terrains se présentent sous deux formes très-différentes qui correspondent à deux modes de formation distincts.

Les uns sont formés de couches continues plus ou moins étendues et limitées par des faces parallèles ; d'où leur vient le nom de terrains stratifiés, c'est-à-dire formés de lits successifs. Les surfaces parallèles qui limitent les couches sont plus ou moins ondulées ; ces terrains ont été formés par des substances qui se

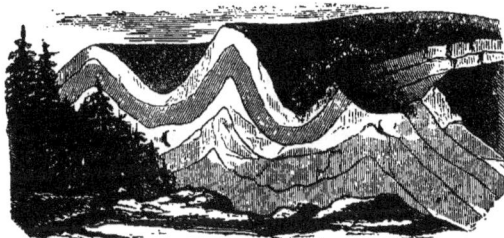

Fig. 1.

sont déposées au milieu des eaux, comme la vase d'une eau trouble se dépose au fond d'un bassin ; c'est de là que vient le nom de terrains sédimentaires, par lequel on désigne souvent les terrains stratifiés.

On dit encore que les terrains stratifiés sont d'origine neptunienne (de Neptune, dieu de la mer).

Les couches formées au milieu des eaux ont ensuite été soulevées ou abaissées, quelquefois même brisées par le mouvement de l'écorce terrestre.

La figure 1 montre bien comment les diverses couches d'un terrain stratifié se présentent dans la nature.

La seconde classe de terrains affecte une grande irrégularité de formes ; ils sont composés de masses plus ou moins considérables, formant, tantôt des montagnes, tantôt des blocs enclavés au milieu de terrains stratifiés comme le montre la figure 2. Les roches que l'on rencontre dans ces terrains sont généralement cristallines. Elles ont été formées par la solidification plus ou moins lente de masses, autrefois en fusion.

On les appelle roches non stratifiées, roches cristallines ou d'origine plutonienne (de Pluton, dieu du feu).

C'est dans ces terrains cristallisés qu'il faut ranger les filons métalliques tels

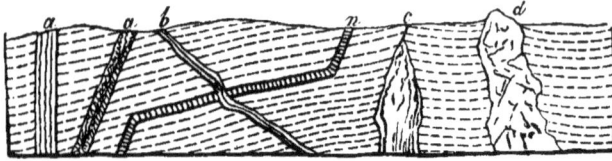

Fig. 2.

que (a) et (b), figure 2, qui semblent dus à la solidification de liquides poussés
énergiquement de l'intérieur du globe à la surface.

Les roches cristallines forment les plus hautes montagnes de la terre ; elles
semblent être sorties de dessous les terrains stratifiés et en avoir percé toutes
les couches ; elles constituent, pour ainsi dire, les fondements de l'écorce terrestre.

Elles se distinguent par leurs arêtes vives et déchiquetées.

Dans les roches cristallines, on ne trouve point de débris animaux ou végétaux ; ce n'est que dans les terrains stratifiés que ces débris apparaissent ; l'appa-
tion de la vie sur la terre a dû concorder avec la formation des mers et, par
suite, avec la formation des premières couches de sédiment.

Terrains métamorphiques. — Nous venons de voir que les roches pouvaient avoir deux origines distinctes : neptunienne ou plutonienne, suivant
qu'elles s'étaient déposées au milieu des eaux, ou qu'elles s'étaient formées par
la solidification de masses liquides.

Or des masses minérales ne peuvent être liquides qu'à la faveur de températures, pour ainsi dire, inconnues à l'homme ; donc, ces masses incandescentes lorsqu'elles ont jailli au travers des terrains stratifiés ont échauffé ceux-ci et,
par suite, ont produit dans leur constitution physique et chimique de profondes
modifications.

Les couches soumises à cette influence conservent la forme des terrains stratifiés avec tous leurs fossiles et, cependant, elles se rapprochent des terrains
non stratifiés par leur constitution interne.

Ces roches sont dites métamorphiques. On les observe au voisinage des roches
éruptives, c'est-à-dire sur les flancs des montagnes ; elles existent dans tous les
terrains de sédiment et surtout dans les terrains les plus anciens.

C'est par le métamorphisme que certains calcaires sont devenus complètement cristallins ; ils offrent une cassure analogue à celle du sucre ; aussi les
appelle-t-on calcaires saccharoïdes. Ils sont à gros grains comme le marbre de
Paros, ou à petits grains comme le marbre de Carrare près de Gênes.

Terrains de transport. — Il n'est point de roche qui résiste à l'action prolongée des eaux ; la plus dure est entamée avec le temps, et les fragments en
sont entraînés par les cours d'eau, auxquels la pluie donne naissance. De nos
jours, il existe des torrents qui transportent des masses énormes de matières ;
mais supposez un cataclysme qui déplace les mers, vous pourrez vous figurer
quelle a été à certaines époques la violence des courants liquides à la surface du
sol. Les roches désagrégées et broyées furent entraînées, et leurs fragments pul-
vérulents vinrent se déposer par couches horizontales dans des eaux tranquilles.
A cette poussière, se trouvent souvent mélangés des fragments plus gros et plus

résistants, dont les angles se sont émoussés et qui se sont transformés en galets ou cailloux roulés.

Au lieu de courants aquatiques, il s'est produit dans certains cas des courants liquides formés par les roches en fusion, qui s'épanchaient de l'intérieur de la terre. Rencontrant des roches friables ou désagrégées, ces courants ont pu dans certains cas en enlever des fragments et former une classe particulière de terrains de transport.

Nous reviendrons sur ce qui précède, lorsque nous parlerons des roches arénacées.

Un autre mode de formation des terrains de transport, nous est offert par les glaciers dont nous dirons plus loin quelques mots.

Terrains volcaniques. — Volcans actuels. — Il faut considérer la terre comme une masse primitivement liquide, qui peu à peu par le refroidissement s'est enveloppée d'une écorce solide. Cette écorce, à l'origine, a dû être bien faible, et soit contraction causée par le refroidissement, soit pression considérable exercée par les marées de la masse liquide intérieure, elle s'est fissurée en plus d'un point. Les fissures ont livré passage aux liquides et aux gaz de l'intérieur, et il s'est formé ce que l'on appelle des éruptions volcaniques. Autrefois ces éruptions ont pris des proportions considérables, et les masses liquides produites de la sorte en se solidifiant sont devenues nos chaînes de montagnes. A l'époque actuelle, la force volcanique se manifeste en quelques points isolés du globe, par des conduits qui, de l'intérieur de la terre viennent déboucher à la surface, et qui, d'une manière généralement intermittente, donnent passage tantôt à des laves liquides, tantôt à des vapeurs et à des gaz.

Dans les masses volcaniques, on distingue trois grandes formations : 1° Formation trachytique, 2° formation basaltique, 3° formation lavique.

Les trachytes ont apparu vers le milieu de la période tertiaire et se sont produits jusqu'à la fin de cette période. Ils ont formé en France les groupes du Mont-Dore, la chaîne du Velay et le Cantal.

Le basalte s'est montré pendant la période secondaire et tertiaire. En France, on le trouve particulièrement dans le Vivarais.

En minéralogie nous décrirons les propriétés des trachytes et des basaltes.

La formation lavique s'est produite pendant la période actuelle ; elle renferme cependant beaucoup de volcans éteints dont la tradition n'a recueilli aucune éruption. Tels sont les cinquante pics volcaniques qui forment le massif de l'Auvergne, et qui sous le nom de la chaîne des Puys domine la ville de Clermont-Ferrand.

Parmi les trois cents volcans actuellement en activité, il faut distinguer : 1° les volcans isolés, ou cônes gigantesques percés dans leur axe d'une cheminée par où s'échappent les laves, les vapeurs et les gaz ; sur les flancs du cône d'éruption se produisent quelquefois de petits cônes secondaires ou adventifs, percés aussi d'une cheminée qui communique toujours avec la cheminée principale ; 2° les volcans réunis en séries, leurs sommets se trouvent sur une ligne droite, et ils indiquent une longue fente de l'écorce terrestre, tandis que les premiers correspondent à un orifice sensiblement circulaire. Les principaux volcans en série sont : ceux des iles de la Sonde, des Moluques, du Chili, des Antilles et du Mexique ; parmi les volcans isolés nous signalerons le Stromboli, l'Etna, le Vésuve et le mont Ararat.

Voici la forme d'un volcan : le sommet du cône, dit cône d'éjection formé par les laves, est brisé et remplacé par un entonnoir qu'on appelle cratère ; au centre du cratère, se trouve l'orifice d'éjection, autour duquel se forme comme un bourrelet, un cône de petites dimensions. Quelquefois, mais rarement, le cratère n'existe pas, et l'orifice se trouve au sommet du cône principal.

Nous empruntons à M. Figuier la description des circonstances d'une éruption volcanique :

« L'éruption d'un volcan est ordinairement annoncée par un bruit souterrain, accompagné de secousses, d'ébranlements du sol, et quelquefois de véritables tremblements de terre. Le bruit, qui provient d'une très-grande profondeur, se fait entendre sur une large étendue de pays, comme s'il partait du voisinage. Il ressemble à un feu bien nourri d'artillerie ou de mousqueterie. Quelquefois, c'est comme le roulement sourd d'un tonnerre souterrain. Des crevasses se produisent souvent aux époques des éruptions sur un rayon considérable. La figure 5 représente la disposition d'une de ces crevasses du sol.

L'éruption commence par une forte secousse qui ébranle l'intérieur de la mon-

Fig. 5.

agne. L'ascension des masses fluides et des vapeurs chaudes se révèle, dans certains cas, par la fonte des neiges sur les flancs du cône d'éjection. En même temps que se produit la secousse qui triomphe des dernières résistances de la croûte solide du sol, il s'échappe du fond du cratère une masse considérable de gaz, et particulièrement de vapeurs d'eau.

Les vapeurs d'eau, il importe de le remarquer, sont la cause essentielle des terribles effets mécaniques dont s'accompagnent les éruptions des volcans actuels. Les éruptions de matières granitique, porphyrique, trachytique, et quelquefois même basaltique, sont arrivées au sol sans provoquer ces violentes explosions, ces formidables éjections de roches et de pierres qui accompagnent les éruptions des volcans modernes. Les granits, les porphyres, les trachytes et les basaltes se sont épanchés sans violence à l'extérieur, parce que la vapeur d'eau n'accompagnait pas ces roches liquéfiées, et telle est la circonstance qui explique la tranquillité des épanchements anciens, comparée à la violence et aux terribles effets des éruptions des volcans actuels. Bien établi par les investigations de la science, ce fait nous donne l'explication des puissants effets mécaniques des volcans modernes, qui contrastent avec les tranquilles éruptions des âges primitifs.

Dans les premiers moments d'une éruption volcanique, les masses de pierres et de cendres qui comblaient le cratère sont projetées en l'air par l'action, brusquement développée, de l'élasticité de la vapeur. Cette vapeur se dégage au travers des laves rouges de feu, sous la forme de grandes bulles arrondies, qui tournoient dans l'air au-dessus du cratère et s'étendent en couronnes d'autant plus larges qu'elles s'élèvent plus haut. Ces masses de vapeurs finissent par former des nuages pelotonnés d'une éblouissante blancheur, qui suivent la direction du vent. Pline le jeune compare à la cime étagée d'un sapin les nuages que forme au sein des airs la vapeur d'eau provenant d'une éruption volcanique.

Ces nuages volcaniques sont gris ou noirs, selon que la quantité de *cendres* (c'est-à-dire de matière pulvérulente qu'ils emportent mélangée à la vapeur d'eau) est plus ou moins considérable. Dans quelques éruptions, on a remarqué que ces nuages, en s'abaissant jusqu'au sol, répandaient une odeur particulière d'acide chlorhydrique ou sulfureux; on a même trouvé ces deux acides mélangés à l'eau des pluies provenant de la résolution de ces nuages.

Les nuages pelotonnés de vapeurs qui partent des volcans sont sillonnés d'éclairs continus suivis de violents coups de tonnerre ; en se condensant, ils forment de désastreuses averses qui tombent sur les flancs de la montagne. Beaucoup d'éruptions, connues sous le nom de *volcans de boue* ou de *volcans d'eau*, ne sont autre chose que ces mêmes pluies entrainant avec elles et laissant tomber sur le sol des cendres, des pierres et des scories.

Passons aux phénomènes dont le cratère est le théâtre pendant l'éruption même. On y constate d'abord un mouvement incessant d'ascension et d'abaissement de la lave fluide qui remplit l'intérieur du cratère. Ce double mouvement est souvent interrompu par de violentes explosions de gaz. Le cratère de Kiranéa, dans l'île de Hawaï (Sandwich), contient un lac de matière fondue large de 500 mètres. Ce lac subit ce double mouvement d'élévation et d'abaissement. Chacune des bulles de vapeur qui sort du cratère pousse vers le haut la lave fondue; elle s'élève et éclate à la surface avec une force considérable. Une partie de la lave, à demi refroidie et scorifiée, est ainsi projetée vers le haut, et les divers fragments sont lancés avec violence dans toutes les directions, comme ceux d'une bombe qui éclate. Le plus grand nombre des fragments lancés verticalement dans les airs retombe dans le cratère. Beaucoup s'accumulent sur le bord de l'ouverture et ajoutent de plus en plus à la hauteur du cône d'éruption. Les fragments plus légers et de petites dimensions, comme aussi les cendres fines, sont entrainés par les spirales de vapeur et portés sur des étendues de pays souvent très-considérables. En 1794, les cendres du Vésuve furent lancées jusqu'au fond de la Calabre ; en 1812, celles du volcan de Saint-Vincent, dans les Antilles, furent portées à l'est jusqu'à la Barbade, et y répandirent une telle obscurité, qu'en plein jour on ne voyait pas à se conduire. Enfin, quelques masses de laves, puissantes et isolées, sont projetées en dehors de la gerbe de scories, elles sont arrondies par suite de leur mouvement de tournoiement dans l'air, et portent le nom de *bombes volcaniques*.

Nous avons déjà fait remarquer que la lave qui, à l'état liquide, remplit le cratère et la cheminée intérieure du volcan, a été poussée en haut par les vapeurs d'eau. Dans beaucoup de cas, la force mécanique de cette vapeur est si considérable, qu'elle lance la lave par-dessus les bords du cratère, et qu'il se forme ainsi un torrent de feu qui se répand le long de la montagne. Ce débordement n'a lieu au sommet de la montagne que dans les volcans d'une faible hauteur ; dans les volcans élevés, la montagne se fend d'ordinaire près de sa base, et c'est par cette fente que le torrent de lave s'épanche sur le pays environnant.

L'écoulement de la lave donne lieu à des phénomènes qui sont très-différents, selon le degré de fluidité de la lave, selon sa température et le degré d'inclinaison de la montagne.

Une fois épanchée, la lave se refroidit assez vite ; elle durcit et présente une croûte écaillée par suite du refroidissement ; par ses interstices, on voit encore s'échapper des jets de vapeur d'eau. Mais, sous cette croûte superficielle, la lave continue d'être liquide ; elle ne se refroidit que peu à l'intérieur de sa masse. Elle chemine avec une extrême lenteur, entravée qu'elle est dans sa progression par les débris des roches qui s'entassent au-devant de cette rivière brûlante et sont charriées par son cours.

La vitesse avec laquelle se meut un courant de lave dépend de son degré de fluidité, de sa masse et de la pente du sol. On a constaté que certains courants de lave parcouraient en une heure plus de 1,000 mètres ; mais leur vitesse est d'ordinaire beaucoup moindre ; un homme à pied peut souvent la dépasser. Ces courants varient beaucoup en dimensions. Le courant le plus considérable de la lave de l'Etna a, sur quelques points, une épaisseur de 35 mètres et une largeur d'un mille et demi géographique. La plus grande masse lavique qui ait été épanchée dans les temps historiques est celle du Skaptor Jokul, en Islande, en 1783. Elle forma deux courants dont les extrémités étaient éloignées l'une de l'autre de 20 lieues, et qui, de distance en distance, présentaient une largeur de 3 lieues et une épaisseur de 200 mètres.

Un effet tout particulier et qui ne fait que simuler l'activité volcanique s'observe dans les localités où existent des *volcans de boue*. La plupart de ces volcans présentent de petites éminences coniques, avec une dépression dans leur intérieur. Ils versent au dehors de la boue poussée par des gaz et de la vapeur d'eau. La température des matières lancées au dehors est d'ordinaire peu élevée. La boue, généralement grisâtre, à odeur de pétrole, est soumise aux mêmes mouvements alternatifs que la lave fondue dans les volcans proprement dits. Les gaz qui projettent à l'extérieur cette argile fluide, mélangée de sels, de gypse, de naphte, de soufre, quelquefois même d'ammoniaque, sont habituellement l'hydrogène carboné et l'acide carbonique. Tout porte à croire qu'ils proviennent, au moins en grande partie, des réactions qui s'effectuent entre les divers éléments du sous-sol sous l'influence de l'eau qui s'y infiltre, entre des marnes bitumineuses, des carbonates complexes et probablement l'acide carbonique de sources acidules. M. Fournet a vu en Languedoc, près de Roujan, des ébauches de ces sortes de formations ; et d'ailleurs non loin de là existe la source bitumineuse de Gabian.

Les volcans de boue, ou *salses*, se présentent en un assez grand nombre de lieux à la surface de la terre. Il en existe beaucoup dans les environs de Modène ; on en voit en Sicile, entre Arragona et Girgenti. Pallas en a observé en Crimée, dans la presqu'île de Kertch, à l'île de Taman : de Humboldt en a décrit et figuré dans la province de Carthagène, dans l'Amérique méridionale ; on en cite enfin à l'île de la Trinité et dans l'Indostan.

On trouve, dans certaines contrées, des buttes formées de matières argileuses résultant des anciennes déjections d'un volcan de boue, duquel tout dégagement de gaz, d'eau et de terre a depuis longtemps cessé. Quelquefois, ce phénomène reprend avec violence son cours interrompu. De légers tremblements de terre s'y font alors sentir, et des blocs de terre desséchée étant projetés au loin, de nouveaux flots de boue se font jour.

Revenons aux volcans ordinaires, c'est-à-dire à ceux qui lancent des laves.

À la fin d'une éruption lavique, quand l'activité du volcan commence à s'affaiblir, l'émission du cratère est réduite à des dégagements plus ou moins abondants de gaz, qui s'échappent par une multitude de fissures du sol, mêlés à de la vapeur d'eau.

Le plus grand nombre de volcans qui se sont ainsi éteints forment ce qu'on appelle les *solfatares*. L'hydrogène sulfuré qui se dégage des fissures du sol se décompose au contact de l'air, en formant de l'eau par l'action de l'oxygène atmosphérique, et laissant du soufre, qui se dépose ainsi en masses considérables sur les parois du cratère et dans les fentes du sol. Telle est l'origine géologique du soufre que l'on recueille à Pouzzole, près de Naples.

Le soufre joue dans l'industrie un rôle fondamental. C'est, en effet, avec le soufre extrait des terres qui environnent les bouches des volcans éteints, c'est-à-dire avec les produits des *solfatares*, que l'on prépare l'acide sulfurique, agent fondamental d'une foule d'industries dans les deux mondes, et qui est devenu un des plus puissants éléments de notre production manufacturière.

Les sources d'eau bouillante connues sous le nom de *geysers* sont une autre émanation minérale qui se rattache aux anciens cratères. Elles sont continues ou intermittentes. On trouve en Islande un grand nombre de ces sources jaillissantes. L'un des *geysers* de l'Islande projette une colonne d'eau de 6 mètres de diamètre, s'élevant parfois à 50 mètres de hauteur. L'eau, en se refroidissant, laisse déposer la silice qu'elle tenait en dissolution.

La phase dernière de l'activité volcanique, c'est un dégagement d'acide carbonique sans élévation de température. Dans les lieux où se manifestent ces émanations continues de gaz acide carbonique, on reconnaît l'existence d'anciens volcans dont ces dégagements sont le phénomène terminal. C'est ce que l'on observe de la façon la plus remarquable en Auvergne, où existent une multitude de sources acidules, c'est-à-dire chargées d'acide carbonique. Pendant qu'il créait les mines de Pont-Gibaud, M. Fournet eut à lutter contre ces émanations qui, parfois, s'effectuaient avec une puissance explosive. Des jets d'eau s'élançaient à de grandes distances dans les galeries, en ronflant comme la vapeur qui s'échappe de la chaudière d'une locomotive. Le liquide qui remplissait un puits abandonné de l'exploitation fut, à deux reprises, soulevé par de violentes effervescences. Elles vidèrent à moitié cette excavation, et les torrents du gaz se répandant dans la vallée asphyxièrent un cheval et un troupeau d'oies. Les mineurs étaient obligés de s'enfuir en toute hâte au moment des éructations gazeuses, et ils devaient se tenir droits, afin de ne pas plonger la tête dans l'acide carbonique que sa pesanteur maintient vers le bas des galeries. Il y a loin de là au petit effet de la *grotte du chien*, qui, près de Naples, excite la surprise des badauds et qui se propage dans tous nos livres, comme si la France n'avait pas aussi ses *merveilles de la nature*. Le même fait se manifeste avec une intensité bien supérieure à Java, dans la vallée dite du *Poison*, qui est pour les habitants un véritable objet de terreur. Dans cette vallée redoutable, le sol est partout couvert de squelettes et de carcasses de tigres, de chevreuils, de cerfs, d'oiseaux, et même d'ossements humains, car l'asphyxie frappe tout être vivant qui s'aventure dans ces lieux désolés.

Les volcans actuellement en activité sont, comme nous l'avons dit, très-nombreux et répandus sur toute la surface du globe.

Les plus connus sont ceux du Vésuve, près de Naples, de l'Etna, en Sicile, et de Stromboli, dans les îles Lipari. Donnons quelques rapides indications sur chacun de ces volcans actuels.

Le Vésuve est de tous les volcans celui qui a été le mieux étudié : c'est le volcan pour ainsi dire classique. Personne n'ignore qu'il s'ouvrit pour la première fois l'an 79 après Jésus-Christ. Cette éruption célèbre coûta la vie au naturaliste Pline, qui sacrifia son existence à l'observation du plus important phénomène de la nature. Après bien des mutations, le cratère actuel du Vésuve consiste en un cône entouré, du côté opposé à la mer, par une crête en demi-cercle, composée de matières ponceuses ou amphigéniques étrangères au Vésuve proprement dit.

On croit que le mont Vésuve était primitivement la montagne à laquelle on donne aujourd'hui le nom de *Somma*. Le cône, qui seul porte aujourd'hui le nom de Vésuve, s'est probablement formé lors de la fameuse éruption de l'an 79, qui ensevelit sous des avalanches de débris de ponce pulvérulente les villes d'Herculanum et de Pompéi. Ce cône se termine par un cratère dont la forme a changé bien des fois, et qui a vomi, depuis l'origine, des déjections de nature variée et des courants de lave. Les éruptions du Vésuve ne sont séparées, de nos jours, que par des intervalles de quelques années.

Les îles Lipari renferment le volcan de Stromboli, continuellement en ignition, et qui forme ce fameux phare naturel de la mer Tyrrhénienne, tel qu'Homère l'a observé, tel qu'on l'avait vu avant le vieil Homère et tel qu'on le voit encore de nos jours. Ses éruptions sont continues. Le cratère d'où elles s'élancent ne se trouve pas à la pointe de l'éminence conique de l'île, mais sur un de ses côtés, à peu près aux deux tiers de la hauteur. Il est en partie rempli de lave fondue, qui s'y trouve continuellement soumise à un mouvement alternatif d'ascension et d'abaissement. Ce mouvement est provoqué par la montée de bulles de vapeur qui s'élèvent à la surface et projettent au dehors une haute colonne de cendres. Pendant la nuit, ces nuages de vapeur resplendissent d'une magnifique réverbération rouge, qui éclaire d'une sinistre lueur l'île et la mer environnante.

Situé sur la côte orientale de la Sicile, l'Etna paraît, au premier coup d'œil, avoir une structure beaucoup plus simple que celle du Vésuve. Ses pentes sont moins rapides, plus uniformes de tous côtés; sa base représente à peu près la forme d'un bouclier. La partie inférieure de l'Etna, ou la région cultivée de cette montagne est inclinée d'environ 3°. La région moyenne, ou celle des forêts, est plus rapide; elle mesure 8° d'inclinaison. La montagne se termine par un cône de forme elliptique, de 32° d'inclinaison, qui porte en son milieu, au-dessus d'une terrasse presque horizontale, le cône d'éruption, avec son cratère arrondi. Ce cratère a 3300 mètres d'altitude. Il ne donne point issue à des laves, mais seulement à des gaz. Les laves sortent par soixante cônes plus petits qui se sont formés sur les pentes du volcan. On peut, en regardant la montagne du sommet, se convaincre que ces cônes sont disposés en rayons et placés sur des fentes qui convergent vers le cratère comme vers un centre.

Ajoutons pour compléter cette très-rapide esquisse des phénomènes volcaniques actuels, qu'il existe des volcans sous-marins. Si l'on n'en connaît qu'un petit nombre, cela tient à ce que leur apparition au sein des eaux est presque constamment suivie d'une disparition plus ou moins complète. Toutefois, des phénomènes très-puissants et très-visibles nous donnent une démonstration suffisante de la persistance continuelle des actions volcaniques au-dessous du bassin des mers. Au milieu des eaux de l'Océan, on voit quelquefois apparaître subitement des îles sur des points où les navigateurs n'en avaient jamais aperçu. C'est ainsi que l'on a vu de nos jours se former l'île Julia. Apparue au sud-ouest de la Sicile en 1831, elle s'abîma deux mois après sous les vagues. A diverses époques, et notamment en 1811, il se forma des îles nouvelles dans les Açores.

Il s'en éleva à plusieurs reprises autour de l'Islande et sur beaucoup d'autres points.

L'île qui apparut en 1796, à 10 lieues de la pointe septentrionale d'Unalaska, l'une des îles Aléoutiennes, est particulièrement célèbre. On vit d'abord sortir du sein de la mer une colonne de fumée ; ensuite un point noir, d'où s'élançaient des gerbes enflammées, apparut à la surface de l'eau. Pendant plusieurs mois que dura ce phénomène, l'île s'accrut en largeur et en hauteur. Enfin on ne vit plus sortir que de la fumée ; au bout de quatre ans, cette dernière trace des convulsions volcaniques avait même complétement cessé. L'île continua néanmoins à grandir et à s'élever ; elle formait en 1806 un cône surmonté de quatre autres plus petits. »

Nous citerons un dernier exemple de volcans sous-marins, c'est celui que nous offre l'archipel de l'île de Santorin. Le sol de cette île est formé de déjections volcaniques ou pouzzolanes naturelles, destinées à rendre de grands services dans la fabrication des bétons sous-marins. Cette matière a été employée avec succès à Trieste pour les travaux du Lloyd autrichien et aussi pour les travaux de l'isthme de Suez : M. l'ingénieur de Montaut, en a signalé les avantages dans les Annales des ponts et chaussées de 1862 :

« La formation de Santorin, d'origine volcanique remonte à plusieurs siècles avant J.-C. Elle ne présente plus aujourd'hui qu'une côte escarpée de roches basaltiques et trachytiques formant un amphithéâtre semicirculaire de près de 16 kilomètres de diamètre (figure 4). Deux îles, Therasia et Aspronisi, qui s'élèvent à l'occident paraissent être la *Somma* du grand cratère de soulèvement dont la moitié s'est abimée dans les flots à la suite des violents cataclysmes dont l'histoire fait mention. Du milieu de ce vaste bassin surgit d'abord l'îlot connu sous le nom de Hiera, 186 ans avant J.-C., qui s'accrut lui-même par les soulèvements de ses bords en 19, 726, 1427, de l'ère chrétienne ; puis apparurent Micra Kaméni

Fig. 4.

en 1573 et Néa Kaméni en 1707, qui subirent eux-mêmes des accroissements successifs d'une manière semblable en 1709, 1711 et 1712, etc.

Il n'y a aucun cratère sur ces îlots, mais seulement des *dômes* de matières volcaniques qui semblent avoir comblé l'orifice par lequel elles sont sorties. Leur apparition a toujours été accompagnée de phénomènes ignés, de tremblements de terre, d'ébullitions des eaux de la mer, comme tous les anciens historiens le rapportent et comme le père Gorée l'a vu lui-même lors de l'apparition de Néa Kaméni de Santorin en 1707.

Depuis ces diverses éruptions, il s'est manifesté, comme nous l'avons dit, des soulèvements lents de quelques îlots qui en ont successivement agrandi la superficie.

Le même phénomène se montre encore aujourd'hui, comme il résulte des observations de M. Virlet et d'autres constatations plus récentes. Entre Micra Kameni et le port de Phira, on trouvait 50 mètres d'eau il y a soixante ans, aujourd'hui il n'y existe qu'un passage à peine suffisant pour de légères felouques, et l'on s'attend à voir émerger bientôt quelque nouveau cône qui donnera peut-être passage à des matières ignées et viendra prendre place au milieu du vaste cirque que forment Santorin, Therasia et Aspronisi, à côté de Hiera, de Micra Kaméni et de Néa Kaméni.

Les sommets de l'île de Santorin sont dénudés et abrupts, tandis que leur base est noyée dans un talus allongé formé par la pouzzolane.

La végétation est partout rare et maigre; on cultive principalement la vigne dans le pays. L'eau des puits est saumâtre. Les habitants boivent l'eau des pluies qui est conservée dans des citernes.

C'est du milieu du bassin qu'on peut juger à première vue, non-seulement de la structure volcanique de l'île, mais encore du nombre des éruptions qui se distinguent par la différence de couleur des couches alternatives de laves, de cendres pouzzolaniques, de scories et de terre végétale. L'épaisseur de la couche de pouzzolane est dans certains points de plus de 15 mètres et peut être évaluée en moyenne à 10 mètres au moins. Cette couche couvre une si grande superficie que la pouzzolane de Santorin est pour ainsi dire inépuisable, même en suppo-sant un développement immense des travaux maritimes et un emploi presque exclusif de cette matière. Elle est d'une pureté et d'une homogénéité parfaites, surtout à la pointe méridionale de l'île, et s'étend en talus presque jusqu'au bord de la mer, où on la charge directement dans les navires au moyen de conduits en bois. »

Soulèvements. — Chaînes de montagnes. — Nous avons vu que l'action des eaux dégradait et pulvérisait sans cesse l'écorce terrestre; les fragments en-levés se déposent dans les eaux calmes et donnent naissance aux terrains stratifiés, formés de lits horizontaux. Les transformations successives de l'écorce terrestre ont modifié profondément en plus d'un point l'horizontalité des lits, il faut chercher la cause de ces modifications dans les soulèvements produits par les masses liquides intérieures : imaginez un coin chassé de l'intérieur d'une sphère creuse vers la surface, il la déchirera et finira par saillir à l'extérieur en re-levant la matière sur les bords de la fente. Tel est le phénomène des soulèvements qui ont engendré les montagnes.

Les Pyrénées en sont un exemple très-net : elles sont d'une épaisseur et d'une direction régulières, et pour en concevoir la naissance, imaginez un grand mur placé sous une vaste plaine et qui s'élèverait peu à peu. Au commencement du mouvement, le terrain se soulève et se renfle en dos d'âne, puis, si le mouve-ment continue, une fente se produit, le mur surgit et s'élève en entraînant la-téralement les parties avoisinantes de la plaine. Mais si ces parties appartiennent à des terrains stratifiés, les différentes couches ne resteront point horizontales, elle deviendront courbes et s'inclineront d'autant plus qu'elles s'élèveront da-vantage; quelques-unes même pourront devenir verticales. La figure 1, pl. I, fait comprendre ce mode de soulèvement et montre comment l'inclinaison des cou-ches peut se faire sentir jusqu'à une grande distance du faîte de la montagne.

C'est ainsi que si nous levons un profil des Pyrénées, par exemple au pic de la Maladetta, nous trouvons au centre une masse de granite, qui est la masse éruptive, et, sur les flancs, du côté de France et du côte d'Espagne, nous ren-controns, à partir du granite : 1° les schistes de transition, 2° le calcaire jurassi-que, 5° le grès vert, 4° la craie supérieure, 5° et enfin le terrain tertiaire. Le soulèvement est même écrit sur certains sommets où l'on retrouve des lambeaux de terrains de sédiment, et c'est un fait curieux que d'apercevoir sur des cimes aussi élevées des calcaires remplis de coquilles fossiles.

Systèmes de montagnes.—Voilà donc la cause de la formation des montagnes. Il nous reste à examiner si toutes les montagnes ont le même âge et si elles sont distribuées sans aucune loi sur la surface du globe.

Pour résoudre cette question, il nous suffira d'esquisser rapidement ici les principaux traits de la notice de M. Élie de Beaumont sur les systèmes de montagnes.

Il est rare de trouver des montagnes isolées, en général elles sont accolées les unes aux autres, de telle sorte que leurs cônes se pénètrent, et qu'il est impossible de faire le tour de l'une d'elles sans monter à une hauteur égale à la moitié ou au tiers de la hauteur des cimes. On appelle col le point le plus bas par où l'on puisse passer entre deux montagnes ; c'est évidemment le point le plus praticable au voyageur qui se dirige d'un versant sur l'autre ; l'altitude des cols est souvent considérable, et souvent le passage n'en est libre qu'à certaines époques de l'année.

La réunion de montagnes qui se pénètrent constitue une chaîne composée d'un ou de plusieurs chaînons rectilignes. Tout chaînon rectiligne constitue un système.

L'ensemble des terrains stratifiés se divise en plusieurs groupes que l'on distingue entre eux par leur constitution physique et chimique et surtout par les différents fossiles, débris animaux et végétaux, qu'on y rencontre. Lors de la formation d'un groupe, la vie animale et végétale ne s'est point manifestée par les mêmes espèces que pendant la formation du groupe voisin. Dans chaque groupe, les couches affectent une stratification concordante ; mais d'un groupe à l'autre la stratification est généralement discordante (figure 2, planche I), c'est-à-dire que les lits du système A, quoique parallèles entre eux ne sont pas parallèles à ceux du système B ; nous venons de dire plus haut que les fossiles de A diffèrent et quelquefois d'une manière complète de ceux de B.

Supposons les couches de B horizontales, cela prouve que ce terrain de sédiment n'a pas encore été modifié et qu'il est resté tel qu'il s'était déposé ; mais il a fallu alors que A ait été soulevé, et que de ce soulèvement soit résulté un cataclysme, un changement complet dans la vie et dans l'aspect du lieu considéré. Ce soulèvement des couches A a-t-il duré longtemps ? Non, car entre les groupes A et B il n'existe point de couche sédimentaire qui se raccorde à l'un et à l'autre.

Les diverses époques de l'histoire du globe sont donc séparées par des révolutions violentes. Nous venons de voir d'autre part que les montagnes résultaient de l'éruption de masses énormes perçant l'écorce terrestre. Ces deux phénomènes sont-ils indépendants l'un de l'autre ? Non, et le dernier est la cause du premier.

C'est à la suite de chaque soulèvement considérable, que la surface du sol a complétement changé, que le cours des eaux s'est modifié brusquement, que des mers entières ont vu leurs eaux s'enfuir pour aller changer en océan de vastes plaines.

C'est donc aux convulsions produites par le surgissement des hautes chaînes de montagnes qu'il faut attribuer les révolutions du globe, révolutions dont on retrouve une manifestation dans les dépôts de sédiment et dans les débris des races éteintes qu'elles renferment.

Le relèvement des couches sédimentaires sur les flancs des montagnes nous offre un moyen simple de connaître l'âge relatif des diverses chaînes.

Une observation attentive montre que le long des chaînes les couches sédimentaires récentes A (figure 3, planche I) s'étendent jusqu'au pied des montagnes sans perdre leur horizontalité, et en effet elles se sont déposées dans des mers dont ces mêmes montagnes formaient les îles ou les rivages ; au contraire, les couches qui s'élèvent sur les flancs et jusqu'aux crêtes de la chaîne étaient préexistantes à la montagne, et l'on conçoit sans peine que la gibbosité a pris naissance dans l'intervalle qui sépare l'époque où s'est déposée la dernière couche relevée de l'époque voisine où s'est déposée la plus profonde des couches horizontales. Nous remarquons ici ce que nous avons déjà vu plus haut : entre les groupes A et B on ne trouve point de couche intermédiaire se raccordant à la fois avec les couches redressées et avec les couches horizontales ; la naissance de la montagne a donc été un phénomène de faible durée. De plus, les diverses montagnes d'un même chaînon sont apparues simultanément ainsi que le prouve la constance de la ligne de démarcation entre les couches relevées et les couches horizontales.

Cette constance des directions moyennes suivant lesquelles les couches de sédiment se trouvent redressées sur de grandes étendues a donné lieu à d'importantes découvertes. « C'est par suite de l'observation de la constance de direction des couches houillères de certaines parties de la Belgique que des recherches ont été tentées en 1717, au milieu des terrains plats de la Flandre française, sur la direction prolongée des couches exploitées à Mons ; tentative d'où est résultée l'ouverture des importantes mines de Valenciennes et d'Aniche. »

Parmi les divers chaînons que l'on rencontre sur la surface de la terre, il en est qui ont même direction ; chose curieuse, on arrive par l'examen des sédiments à reconnaître que tous les chaînons de même direction ont le même âge et sont dus à la même révolution.

Ce phénomène, entrevu par M. de Humboldt en 1792, est aujourd'hui hors de doute. Le professeur Werner a démontré que, dans une même contrée, tous les filons de même nature doivent leur origine à des fentes parallèles entre elles, ouvertes en même temps et remplies ensuite durant une même période.

L'étude exacte de toutes les chaînes de montagnes a permis de les réunir par groupes de même direction, qui par suite comprennent des montagnes contemporaines. Le nombre de ces groupes est limité ; dans une contrée donnée, il est généralement peu nombreux, et les montagnes se réduisent à quelques systèmes, correspondant aux diverses révolutions que la contrée a subies dans la suite des siècles.

Ici, nous devons faire une remarque géométrique : dans une contrée donnée, on peut faire abstraction de la courbure du sphéroïde terrestre, et remplacer la portion de la surface par son plan tangent ; on conçoit alors ce que sont des lignes ou chaînes parallèles. Mais, il est besoin de définir ce que nous entendons par deux chaînes parallèles situées l'une en France, l'autre en Amérique. Tout alignement droit sur la surface du sol est un arc de grand cercle ; c'est la plus courte distance qui sépare deux points de la sphère ; une fracture de l'écorce terrestre ou, ce qui est la même chose, une chaîne de montagnes est donc toujours dirigée suivant un arc de grand cercle. Imaginons une série de grands cercles ayant un diamètre commun, et par suite même équateur (tel est le cas par exemple des divers méridiens terrestres qui tous passent par la ligne des pôles), on pourra considérer que tous les petits arcs de ces grands cercles, qui ne s'éloignent pas trop de l'équateur, sont parallèles ; en réalité, cela n'est vrai que pour les arcs élémentaires, c'est-à-dire pour les tangentes aux points où les grands cercles considérés viennent couper normalement leur équateur, mais on conçoit bien que tant que l'on ne prend point des arcs voisins des pôles, le parallélisme est sensiblement vrai. Les différents sillons d'un même champ ou de deux champs voisins, dit M. Élie de Beaumont, ne peuvent jamais à la rigueur, s'ils sont rectilignes, présenter d'autre parallélisme que celui qui vient d'être défini, et cette définition a l'avantage d'être indépendante de la distance à laquelle les deux champs se trouvent placés.

Un système de chaînes de montagnes est donc représenté par une série de petis arcs, appartenant aux grands cercles que nous venons de définir, et on peut les considérer comme parallèles aux arcs élémentaires d'un seul grand cercle, que l'on appelle grand cercle de comparaison. Pour déterminer ce grand cercle dans la pratique, remarquons que chaque petit arc correspondant à une chaîne, peut se considérer comme la tangente d'un petit cercle parallèle au grand cercle de comparaison; il faut donc, par voie graphique ou algébrique, déduire de la position de plusieurs chaînes sur la surface du globe la position des pôles du grand cercle de comparaison commun à toutes ces chaînes. Qu'il nous suffise de donner l'énoncé de ce problème, sans en indiquer la solution qui est en dehors de notre cadre.

Le classement de toutes les chaînes de montagnes en groupes du même âge est aujourd'hui fort avancé; nous donnerons une liste sommaire des principaux systèmes en commençant par les plus anciens :

1° *Système de la Vendée, qui se prolonge sur la côte S. O. de la Bretagne et qu'on retrouve à Belle-Isle-en-Mer.* — Les schistes verts ont été relevés.

2° *Système du Finistère.* — Les couches schisteuses du terrain silurien ont été soulevées par du granite à grains fins, et inclinées généralement à 70° ou 80° sur l'horizon. On trouve des fractures parallèles dans le Bocage normand et dans la Manche. On retrouve ce système en Suède, dans le sol fondamental des Pyrénées et en Catalogne.

3° *Système de Longmynd, dirigé au N. 25° E.* — Le terrain silurien a été soulevé par ce système en Angleterre, en Bretagne, en Normandie, dans le Limousin, en Saxe, en Moravie, en Finlande, dans les montagnes des Maures et de l'Estérel. Avec des cartes bien faites, on peut se rendre un compte assez net de tous les systèmes, qu'il nous est impossible de décrire longuement.

4° *Système du Morbihan, parallèle aux côtes S. O. de la Bretagne, qui sont fort déchiquetées, et qu'on peut représenter par une ligne tirée de Saint-Nazaire à Pont-l'Abbé.* — Cette direction est regardée généralement comme caractéristique des montagnes formées de gneiss et de protogine. On la retrouve dans les départements de la Loire-Inférieure, de la Vendée, de la Corrèze, de la Dordogne et de la Charente, près de Messine, en Sicile, dans l'Ukraine, etc. Ce système doit être presque aussi vieux que ceux de Longmynd et du Finistère.

Les quatre systèmes précédents se croisent au milieu de la presqu'île de Bretagne.

5° *Système de Westmoreland et du Hundrück.* — A soulevé des schistes sur lesquels repose en stratification discordante la zone carbonifère. Il comprend les chaînes du pays de Galles, de la Cornouailles, de l'Eiffel, du Hundrük et du pays de Nassau, etc.... On peut le considérer comme un peu antérieur à la formation du vieux grès rouge proprement dit.

6° *Système des Ballons des Vosges et des collines du Bocage* (Calvados). — Les plus anciennes couches redressées appartiennent au calcaire carbonifère. Le massif des montagnes est formé de syénite.

7° *Système du Forez, dirigé au N. 15° O.*

8° *Système du nord de l'Angleterre, qui a pris naissance immédiatement après le dépôt du terrain houiller.* — La côte occidentale du département de la Manche lui appartient.

9° *Système des Pays-Bas et du sud du pays de Galles.*

10° *Système du Rhin.* — Comprenant les montagnes des Vosges, de la Hardt, de la Forêt-Noire et de l'Odenwald. Il a soulevé les grès des Vosges.

11° *Système du Morvan.* — Les couches du grès bigarré, du muschelkalk et des marnes irisées ont été soulevées, tandis que les couches du terrain jurassique se sont déposés horizontalement au pied de ces montagnes.

12° *Système de la Côte-d'Or, du mont Pilas et de l'Erzgebirge.* — S'est produit dans l'intervalle qui sépare le dépôt jurassique de la série des formations crétacées.

13° *Système du mont Viso et du Pinde.* — Correspond à l'intervalle qui s'est écoulé entre le dépôt crétacé inférieur et le dépôt crétacé supérieur.

14° *Système des Pyrénées.* — Les Pyrénées ont pris naissance, après la période du dépôt des terrains crétacés et des terrains nummulitiques, dont les couches redressées s'élèvent sur leurs flancs, et avant la période du dépôt des couches parisiennes et autres couches tertiaires. On retrouve la direction des chaînons des Pyrénées, dans les collines de Provence, dans les Apennins, dans les Alpes Juliennes, en Dalmatie, etc.

L'apparition des Pyrénées dut produire en Europe une convulsion violente, qui fut encore surpassée par celle que produisit l'apparition des Alpes. Dans l'intervalle qui sépare les deux convulsions, l'Europe fut relativement tranquille, et la plupart des assises du terrain tertiaire se déposèrent.

15° *Système des îles de Corse et de Sardaigne.* — Se produisit après la première période des terrains tertiaires, après la formation gypseuse.

16° *Système de l'île de Wigth, du Tatra et de l'Hœmus.*

17° *Système de l'Erymanthe et du Sancerrois.*

18° *Enfin arrive une révolution considérable, qui engendre le système des Alpes occidentales.* — Le massif des Alpes n'est pas sorti d'un seul jet, comme celui des Pyrénées; il est formé de plusieurs chaînons qui s'entre-croisent. A l'orient et au midi, on trouve des chaînons appartenant au système des Pyrénées ; en Provence et en Dauphiné, les montagnes appartiennent au système du mont Viso, etc...., Mais les plus hautes cimes, le mont Blanc, le mont Rose, sont dues au croisement à 45° de deux systèmes récents; ces deux systèmes font un coude à la hauteur du mont Blanc et ils se pénètrent l'un l'autre, comme le montrent les prolongements des couches sédimentaires.

Les Alpes sont donc relativement très-jeunes; on trouve le terrain crétacé et ses fossiles à la crête des Fis (2700 mètres), et le deuxième étage tertiaire au Rigi (1875 mètres).

19° *Système de la chaîne principale des Alpes, depuis le Valais jusqu'en Autriche.* — On trouve dans les vallées de l'Isère, du Rhône et de la Durance, un terrain de transport que l'on s'accorde à regarder comme produit par le passage des courants qui ont suivi la dernière dislocation des masses alpines. Les couches tertiaires ont été soulevées par la chaîne principale des Alpes ; le terrain diluvien seul a conservé la pente du courant qui l'a produit.

Nous bornerons ici la nomenclature des différents systèmes, sans vouloir étudier les chaînes, qui n'appartiennent pas à l'Europe.

Réseau pentagonal. — A quelle cause faut-il attribuer les fractures de l'écorce terrestre à travers lesquelles ont jailli les montagnes? Au refroidissement continuel du globe. Il résulte de l'expérience et du calcul que la chaleur interne doit être assez puissante pour qu'à 40 ou 50 kilomètres de profondeur, toutes les roches soient en fusion ; or la masse liquide intérieure se refroidit plus vite que l'écorce, qui s'échauffe par diverses causes externes. Le noyau liquide diminue donc de volume, et l'écorce reste suspendue comme une voûte sphérique au-dessus d'un vide annulaire; or cette écorce est au plus en épaisseur $\frac{1}{250}$ du diamètre, et, par suite, infiniment plus mince relativement que la coquille d'un œuf ; elle a besoin d'appuis pour se soutenir, et il faut qu'elle s'effondre pour reposer sur la masse liquide. Il tombe sous le sens que cet effondrement ou ce rempli affectera la forme la plus simple en harmonie avec la figure sphéroïdale, et en même temps celle qui demande pour se produire la moindre action, la moindre consommation de force vive; cette forme est celle d'un fuseau sphérique comprimé latéralement.

La grande étendue en longueur des diverses chaînes de montagnes, corrobore la déduction précédente. On se rend bien compte, du reste, que le mouvement de rempli se produisant, suivant une figure quelconque de la sphère, serait beaucoup plus complexe que celui qui se produit suivant un fuseau.

Toute chaîne de montagne a donc pour direction un arc de grand cercle. Traçons sur une sphère tous les cercles de comparaison des chaînes qui couvrent la terre; nous verrons, avec un peu d'attention, que tous ces grands cercles ne sont pas indépendants les uns des autres, ce qui signifie que la direction d'une première fracture a influé sur la direction d'une seconde et ainsi de suite. Les angles des divers grands cercles entre eux, se succèdent dans un certain ordre avec la même grandeur, et on arrive après quelque temps à retomber sur les premières directions.

Nous verrons en minéralogie que le basalte en se solidifiant éprouve un retrait, et que la masse se divise en prismes à

Fig. 5.

base hexagonale (figure 5) ; cela tient à ce que le triangle équilatéral, le carré et l'hexagone sont les seuls polygones réguliers, qui puissent servir à diviser un plan en parties toutes égales entre elles, comme on le voit dans les appartements carrelés; l'hexagone a l'avantage sur les deux autres de posséder le périmètre minimum pour une surface donnée. L'effort de séparation nécessaire à la production du prisme hexagonal, est donc moindre que celui qui serait nécessaire pour avoir des prismes à base carrée ou triangulaire; aussitôt que la force de contraction atteindra la valeur de cet effort minimum, l'hexagone prendra naissance.

Par suite de sa courbure, la sphère n'est point développable sans déchirure ni duplicature ; elle n'est pas divisible en hexagones réguliers ni en quadrilatères à angles droits ; elle ne peut être divisée par des grands cercles qu'en parties égales qui sont, soit des triangles équilatéraux, soit des quadrilatères à angles de 120°, soit des pentagones réguliers. Le pentagone régulier sur la sphère remplace l'hexagone sur le plan ; pour une surface donnée, il a le contour minimum.

Si toutes les fractures de l'écorce terrestre s'étaient produites simultanément, elles auraient divisé la surface du sphéroïde en un réseau de pentagones réguliers. Mais il n'en est pas ainsi, les chaînes de montagnes ont pris naissance à de grands intervalles, et la succession des arcs de grands cercles qui les représentent n'est pas aussi régulière que le comporte la loi précédente.

Sans entrer dans les détails, il nous suffit d'avoir fait comprendre que les montagnes n'ont pas été jetées au hasard sur la surface de la terre, comme de la poussière sur une orange, et que leur direction, leur position relative, sont réglées par des lois mathématiques que le raisonnement démontre et que l'expérience confirme.

Vallées. — La sphère n'étant pas développable et présentant pour un volume donné la surface minima, toute fracture produite suivant un arc de grand cercle a dû être accompagnée de déchirures latérales moins étendues que la chaîne principale, mais offrant souvent des crêtes aussi élevées.

C'est à ce fait que nous devons les vallées dites de déchirement, qui présentent des formes hardies et sauvages, des pentes rapides et un sol fort inégal ; elles sont profondes et étroites, et par leurs paysages grandioses étonnent le voyageur.

La plupart des vallées sont donc le résultat immédiat de l'élévation des roches cristallines qui forment les montagnes.

Les mouvements du sol ont à toutes les époques déterminé de violents courants d'eau auxquels il faut attribuer la formation de la seconde classe de vallées, les vallées d'érosion; celles-ci sont larges, peu accidentées et entourées de coteaux à pentes arrondies ; leur sol fertile est faiblement incliné.

Les vallées de l'une et l'autre classe continuent à s'agrandir par l'action des eaux courantes.

PRINCIPES· SUR LESQUELS EST FONDÉE LA DIVISION DES TERRAINS STRATIFIÉS

SUPERPOSITION ET CONCORDANCE DES COUCHES; DÉBRIS ORGANIQUES

Nous n'aurons guère à nous étendre sur les matières de ce chapitre, car elles ont été presque complètement traitées d'une manière incidente dans les paragraphes précédents.

La classification naturelle des terrains est fondée sur ce fait qu'à la naissance de chaque grand système de montagnes, les couches sédimentaires anciennes ont été soulevées, de grands courants se sont produits, et au milieu des eaux se sont déposées de nouvelles couches sédimentaires en stratification discordante avec les premières ; après chaque révolution, les conditions physiques de l'existence ont changé et la vie végétale et animale s'est manifestée sous de nouvelles formes.

1° *Discordance de stratification.* — Nous l'avons déjà définie : toutes les assises d'un dépôt qui se forme en eau calme sont séparées par des lits horizontaux. Qu'une montagne soulève le sol, les sédiments vont s'élever avec elle, et devenir les rivages d'une mer au sein de laquelle se déposent des couches sédimentaires en discordance avec les premières (*planche* I, *figure* 5). Arrive un nouveau soulèvement, les deux terrains A et B sont déplacés en gardant entre eux leur position relative, dans la cuvette formée se déposent de nouvelles couches horizontales et ainsi de suite. On voit d'après cela, qu'en descendant du faîte d'une montagne cristalline, ce sont les couches les plus anciennes que l'on rencontre les premières ; au centre du bassin s'étalent les couches récentes.

Sur le sol, les terrains horizontaux et les terrains inclinés (*planche* I, *figure* 5) offrent une ligne de séparation que l'on peut tracer, et qui souvent est fort utile pour classer un terrain ; en effet cette ligne est parallèle à la chaîne de montagne qui a produit le soulèvement A B ; si on la repère à la boussole, on peut ensuite voir à quel système elle se rapporte, et par suite en déduire l'âge du terrain.

On a fait quelquefois une objection à la théorie du soulèvement des terrains sédimentaires, en disant que des assises inclinées peuvent fort bien se déposer sur les rivages d'une mer où viennent mourir des vagues tenant en suspension des matières solides. Nous assistons aujourd'hui à des phénomènes analogues ; mais les plages ainsi formées ont toujours une inclinaison très-faible et bien loin d'atteindre celle que l'on constate dans les sédiments relevés.

Une preuve concluante a été donnée il y a longtemps déjà, de l'horizontalité primitive des couches aujourd'hui relevées : c'est que dans de pareilles couches comprenant des poudingues, les galets ellipsoïdaux sont placés de manière que leur petit axe est normal aux plans de stratification, c'est-à-dire que leurs deux grands axes sont dans un plan parallèle au plan de stratification. Cette disposition serait contraire aux lois de la pesanteur, si la couche avait été primitivement dans sa position inclinée ; car tout corps pesant entraîné par les eaux ne s'arrête que dans la position que lui donne le maximum de stabilité, c'est-à-dire lorsqu'il repose sur son côté le plus large, ou pour un ellipsoïde, lorsque son grand axe est horizontal.

De cette démonstration par l'absurde, il faut conclure que les couches ont été relevées postérieurement à leur naissance.

2° *Retour périodique des couches de transport violent et de sédiment tranquille.* — A la suite de chaque révolution, les premières couches sédimentaires du nouveau terrain ont dû être formées de cailloux et de galets plus ou moins gros enlevés aux roches préexistantes ; aussi trouvons-nous à la base de chaque terrain des assises remplies de galets dont la grosseur diminue à mesure que l'on s'élève. Au-dessus de ces couches on trouve les grès, puis les argiles, sorte de vase solidifiée ; la ténuité du grain va en augmentant à mesure que l'on s'élève.

Ces dépôts terminés, a commencé une période calme pendant laquelle la vie s'est développée, et avec elle apparaissent les couches calcaires de formation chimique.

Le passage entre ces différents ordres de couches n'est jamais brusque ; on passe par exemple des argiles aux calcaires par des marnes ou calcaires argileux.

3° *Nature des fossiles que l'on rencontre dans les divers terrains.* — La vie est apparue sur la terre aussitôt que celle-ci a été assez refroidie pour que les vapeurs aqueuses pussent se condenser. Elle s'est manifestée d'abord par ses plus simples représentants, aussi bien dans l'ordre animal que dans l'ordre végétal ; elle a changé d'aspect à la suite de chaque cataclysme, et les fossiles nous enseigneront que l'on s'élève sans cesse dans l'échelle des êtres à mesure que l'on monte des terrains primitifs aux terrains actuels.

C'est d'après ces principes que l'on classe aujourd'hui les terrains d'origine neptunienne en cinq grandes classes :

1° Terrains de transition ou paléozoïques ;
2° Terrains secondaires ;
3° Terrains tertiaires ; ⎫ Presque toujours réunis en une seule classe portant
4° Terrains quaternaires ; ⎬ le nom de terrains tertiaires.
5° Terrains actuels ;   ⎭

DESCRIPTION SOMMAIRE DES TERRAINS, LEUR DISTRIBUTION SUR LE SOL DE LA FRANCE,
LEUR ASPECT GÉNÉRAL, LEURS ÉTAGES PRINCIPAUX

Terrains de transition ou paléozoïques. — Ce sont les sédiments les plus anciens ; par leur voisinage des roches cristallisées, qui les traversent et les supportent, ils ont été souvent métamorphisés, et ont pris eux-mêmes un aspect cristallin. Toutefois il n'y a pas à se tromper sur leur origine lorsqu'on les observe à une grande distance des masses éruptives qui les ont traversés et modifiés ; du reste, on y rencontre des fossiles appartenant aux premiers êtres organisés, d'où le nom grec paléozoïques (êtres anciens).

Leur nom de terrains de transition vient naturellement de la place qu'ils occupent et des caractères intermédiaires qu'ils présentent entre les roches cristallines et les sédiments de l'époque secondaire.

Les terrains paléozoïques se subdivisent en :

> 1° Terrain silurien ;
> 2° Terrain devonien ;
> 3° Terrain houiller ou carbonifère ;
> 4° Terrain permien.

1° *Terrain silurien.* — Il tire son nom de la région de l'Angleterre où on le rencontre, région habitée autrefois par la peuplade des Silures.

Il commence par une couche de gneiss et de micaschistes qui surmonte le granite et se fond avec lui. Vient ensuite une assise fossilifère composée de calcaires mélangés d'ardoises grossières, et qui porte le nom de dalles de Llandeilo. Au-dessus, des grès rouges à oxyde de fer, qu'on appelle grès de Caradoc (*Caradoc sandstone*).

Après les grès de Caradoc, il y a un intervalle rempli par des roches éruptives (trapps et mélaphyres), puis on trouve une série de couches argileuses et calcaires qui constitue les calcaires de Wenlock (*Wenlock limestone*). Au-dessus du calcaire de Wenlock, viennent deux grandes masses d'ardoises entre lesquelles s'est interposé un calcaire, le calcaire d'Aymestry (*Aymestry limestone*).

C'est surtout en Bohême que l'on peut étudier facilement le terrain silurien, il y est contenu dans une cuvette elliptique, et les diverses assises y sont empilées comme une série d'écuelles décroissantes, de sorte qu'en parcourant un diamètre de l'ellipse, on rencontre deux fois chaque couche. Au-dessus du granite, on trouve une couche de micaschites ne renfermant pas de fossiles, puis des schistes verdâtres, un intervalle marqué par une éruption de porphyre, une couche épaisse de dalles en grès de couleur grisâtre, un autre intervalle marqué par une éruption de trapps, puis des argiles noires mélangées de calcaires, enfin des calcaires blancs auxquels on arrive par une transition ménagée.

On voit d'après cela que l'on peut subdiviser le terrain silurien en trois étages principaux.

On trouve le terrain silurien en France, dans la Bretagne et la Manche, et dans le Languedoc. Lors de la formation silurienne, toute l'Europe était sous les eaux, excepté la Laponie, et deux îles granitiques en France, l'une formée de la Bretagne et de la Vendée, l'autre formée du plateau central.

Le terrain silurien est excessivement disloqué, et cela se conçoit si l'on réfléchit au grand nombre de révolutions qu'il a subies.

Fossiles du terrain silurien. — Les plus importants sont les trilobites, qui sont de l'ordre des crustacés, comme l'écrevisse et le crabe. Leur corps avait la forme d'un bouclier, et était recouvert d'une carapace que l'on retrouve seule; il est divisé en trois parties ou lobes par deux sillons longitudinaux. On distingue trois parties dans l'animal; la tête qui est arrondie, le thorax formé de lobes

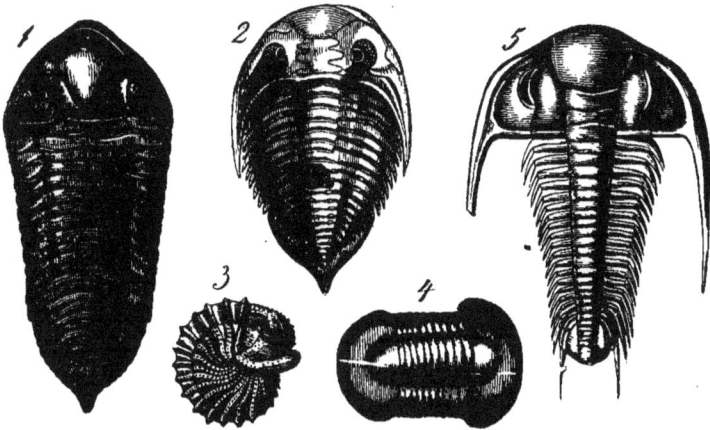

Fig. 6.

articulés, et la queue ou pygidium. Le trilobite ressemble au cloporte actuel; comme lui, il peut s'enrouler en boule; il vivait dans les bas-fonds et nageait sur le dos. La figure 6 nous représente divers genres de trilobites. Le n° 1 est un homalonothus, le n° 2 un asaphus, le n° 3 est un calymène, le n° 4 est du genre illœnus, et le n° 5 du genre paradoxides. Les figures suffisent à indiquer comment se distinguent les divers genres. Ces figures sont de grandeur naturelle.

Avec les trilobites, on rencontre des brachiopodes, formés de coquilles à deux valves dans lesquelles habite l'animal; entre les deux valves est un orifice par où sortaient des bras qui se développent en spirales.

La figure 7 représente le genre penta-mère ($\frac{1}{3}$ grandeur naturelle).

Citons encore comme fossiles du terrain silurien les lingules, quelques céphalo-podes, analogues aux nautiles actuels, mais en différant en ce sens que la co-quille est droite (orthoceras) au lieu d'être enroulée en spirale, et enfin de nom-breuses empreintes que l'on appelle graphtolithes.

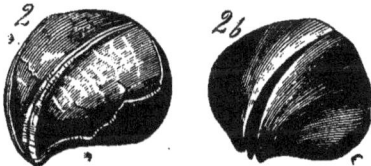

Fig. 7.

En fait de végétaux, on trouve des empreintes d'algues et de lycopodes.

2° *Terrain devonien.* — En Belgique, il renferme trois assises : la première est quartzeuse, et comprend à la base des poudingues, surmontés de grès dont on se sert pour faire des creusets et d'ardoises métamorphiques; la seconde est le calcaire noirâtre de Givet, qui donne les marbres de Sainte-Anne en calcaire métamorphique; la troisième renferme des schistes surmontés de grès micacés, elle constitue les psammites du Condros.

En Angleterre, ce terrain apparaît dans le Devonshire qui lui a donné son nom;

il comprend des grès, des grauwackes, des schistes et des calcaires mélangés de couches de houille.

C'est surtout sur les bords du Rhin et dans l'Eifel que l'on remarque la grauwacke, qui est une roche arénacée composée d'éléments plus ou moins anguleux, empruntés aux roches primitives.

La grauwacke de l'Eifel existe en France dans la rade de Brest, à Nehou dans la Manche et à Ferques dans le Boulonnais.

C'est dans les couches devoniennes qu'on recueille les plus vieux combustibles connus ; elles sont très-riches en minerais de zinc, de fer et de plomb.

Fossiles du terrain devonien. — La période devonienne est le règne des Brachiopodes. Parmi les principaux on remarque le genre stringocephalus, le genre

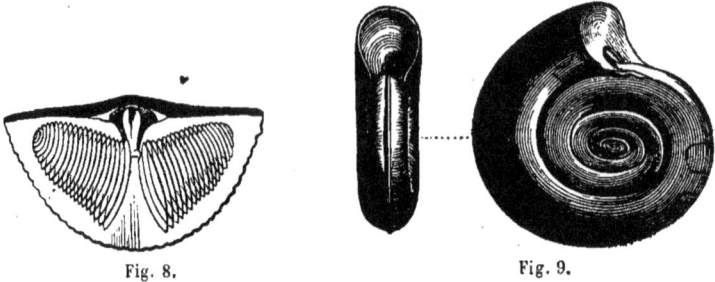

Fig. 8.   Fig. 9.

spirifer (*fig.* 8) et le genre calceola. On rencontre aussi des céphalopodes, parmi lesquels nous citerons le genre clymenia (*fig.* 9) analogue au nautile actuel.

« Cet animal, dit M. le professeur Bayle, a une organisation compliquée : deux gros yeux lui permettent de voir sa proie et un bec corné assez fort de la saisir ; il respire au moyen de quatre branchies. Il a une coquille spirale, nacrée intérieurement, symétrique et offrant, quand on la coupe par le milieu, une série de loges vides, dont l'animal n'occupe que la dernière ; ces loges sont séparées par des cloisons peu courbées, simples, traversées par un siphon dans lequel est un ligament charnu attaché au manteau de l'animal et le fixant ainsi à la coquille. »

On ne retrouve plus que la coquille avec ses cloisons.

Les végétaux de la période devonienne sont des fucus et des algues ; on voit apparaître un dicotylédone, de la famille des conifères, l'astéro-phyllites coronata, aujourd'hui disparu.

Le calcaire n'existe pour ainsi dire qu'à l'état d'exception dans les terrains qui précèdent ; nous allons maintenant le voir se développer en assises puissantes. À cette époque, la mer couvrait la plus grande partie de la terre ; de l'intérieur du globe devaient s'élever des sources thermales considérables, de véritables fleuves bouillants chargés de bicarbonates de chaux et de magnésie. L'excès d'acide carbonique se dégageait dans l'atmosphère et le calcaire se déposait au sein des eaux.

3° *Terrain carbonifère.* — Ce terrain est formé à la partie inférieure par d'immenses assises de calcaire, dit calcaire carbonifère.

Ce calcaire est généralement noir, et répand une odeur infecte quand on le brise par suite du dégagement des gaz résultant de la décomposition des matières organiques : quelquefois il est coloré en rouge ou en vert par des oxydes de fer.

En Angleterre, le calcaire carbonifère a été soumis à des soulèvements considérables et on lui donne le nom de calcaire de montagne (*mountain limestone*).

En Belgique on le trouve à Visé; il est de couleur noire, parsemé de petites coquilles blanches fossiles, et donne alors le marbre petit granit des environs de Mons.

On le trouve à la surface du sol en France dans le Boulonnais, et sur une faible superficie dans le bassin houiller de la Loire.

Aux États-Unis, le terrain carbonifère présente un puissant développement.

Fossiles du calcaire carbonifère : trilobites du genre philipsia. Quelques spirifers existent encore. Parmi les brachiopodes, c'est le genre productus qui domine; la figure 10 représente le productus giganteus qui a 10 à 15 centimètres de longueur. On trouve aussi plusieurs formes remarquables de nautiles.

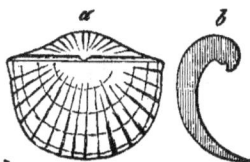

Fig. 10.

Au-dessus du calcaire carbonifère, commence le véritable terrain houiller, formé à la base de conglomérats renfermant souvent des blocs énormes ; au-dessus viennent des grès et des schistes. Au milieu de toutes ces roches indistinctement, on trouve des couches de houille. Il y a aussi des rognons argileux de carbonate de fer, et c'est la présence de ce fer au milieu de la houille qui est si favorable à l'Angleterre.

Sur tous les grès et les schistes, on trouve de nombreuses empreintes de végétaux ; dans certaines mines, on a mis au jour des troncs d'arbres entiers.

Nous étudierons en minéralogie la formation de la houille ; il nous suffira d'indiquer ici les principaux végétaux qu'on y rencontre.

La végétation comprenait des prêles, des fougères, des lycopodes et quelques

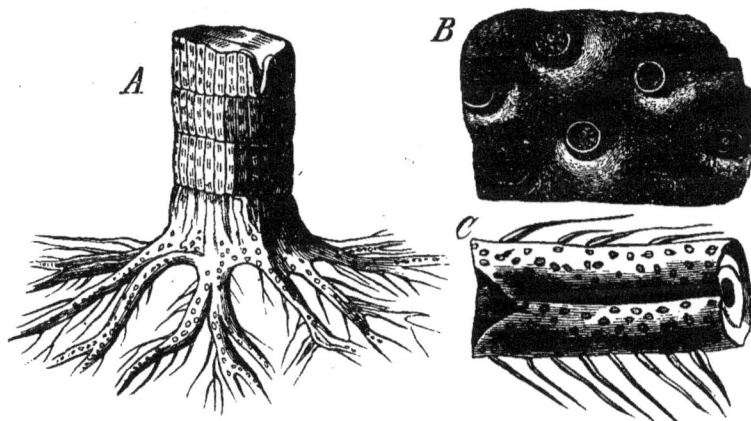

Fig. 11.

décotylédones gymnospermes, parmi lesquels nous citerons le sigillaria, représenté par le dessin A de la figure 11.

Le dessin B donne l'écorce amplifiée, et le dessin C les racines.

Longtemps on a pris les racines du sigillaria pour un végétal particulier, mais on voit que c'était une erreur, reconnue du reste depuis longtemps par les mineurs qui savent bien qu'on ne trouve jamais au même étage des sigillaria et des stigmaria (nom qu'on avait donné aux racines des premiers.)

Citons encore les calamites dont la figure 12 donne une tige ; c'est un tube creux à cloisons horizontales et revêtu de côtes longitudinales. Ces calamites pouvaient atteindre 10 à 12 mètres.

La figure 13 donne une feuille de nevropteris ; la figure 14 représente l'annularia brevifolia de la famille des asterophyllitées, et la figure 15 l'asterophyllites foliosa.

On voit apparaître dans le terrain houiller le premier reptile, l'archegosaurus, dont la figure 16 représente la tête et quelques poissons qui existaient déjà en petit nombre dans le terrain devonien.

4° *Terrain permien*. — Il est très-développé en Thuringe et dans le Mansfeld. La première assise comprend des grès rouges qui commencent par des conglomérats et finissent par des argiles, c'est le *rothe todte liegende* des Allemands ; ils l'appellent terrain mort (*todt*) parce qu'on n'y trouve point de minerai.

Au-dessus viennent des schistes noirs que l'on exploite pour en tirer le cuivre qui y est à l'état de pyrite. Ce terrain est le kupferschiefer.

Fig. 12.

Arrive ensuite le zechstein, qui comprend des couches de calcaire noir foncé mélangées de marnes et de dolomies.

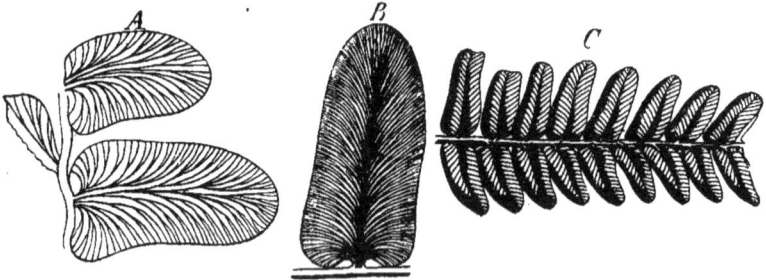

Fig. 13.

On reconnaît le terrain permien en Russie, près de Perm ; en France, dans la Haute-Saône (forêt de la Serre), à Autun où l'on trouve au-dessus du terrain

Fig 14.　　　　　　　　　　　Fig. 15.

houiller des schistes que l'on distille pour avoir l'huile minérale, et à Lodève, dans l'Hérault.

Dans le Kupferschiefer, les fossiles végétaux sont des calamites, des fougères et spécialement des conifères du genre walchia. Parmi les animaux on remarque

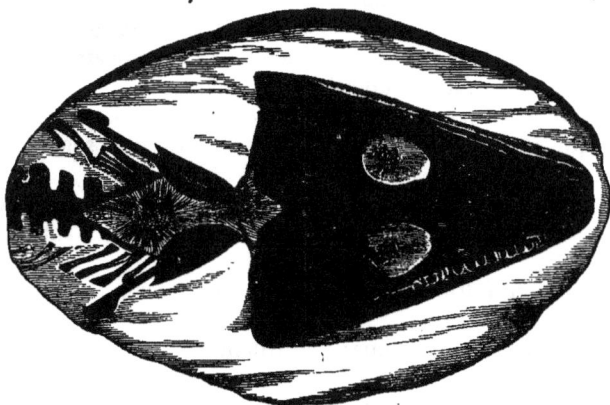

Fig. 16.

des poissons hétérocarques, entre autres le genre paleoniscus (*fig.* 17¹) ; chez ces poissons, la colonne vertébrale se dévie à la queue, tandis que chez les poissons ordinaires (*fig.* 17²) elle se termine en ligne droite. Ces poissons sont tous

Fig. 17.·

contournés sur eux-mêmes, la tête semble vouloir mordre la queue ; ces symptômes indiquent qu'ils ont péri par mort violente, empoisonnés sans doute par l'invasion des sources cuivreuses.

TERRAINS SECONDAIRES

Les térrains secondaires se subdivisent en trois groupes d'assises qui sont, en commençant par le plus ancien :

1° Le terrain triasique;
2° Le terrain jurassique;
3° Le terrain crétacé.

1° *Terrain triasique.* — Son nom vient de ce qu'on remarque, dans cette période trois étages principaux : grès bigarré, muschelkalk ou calcaire coquiller, et marnes irisées.

Ce terrain est bien développé en Lorraine. Au pied du massif granitique des Vosges, le sol montre d'abord une roche arénacée de couleur rouge qui est le grès vosgien, et que l'on rapporte quelquefois, mais à tort, à la période permienne.

Puis, apparaît une autre roche arénacée formée de grains blancs de quartz réunis par une argile tantôt rougeâtre, tantôt verdâtre ; c'est le grès bigarré, dont la couleur est due à des oxydes de fer et qui contient toujours des lamelles de mica. Lorsque celles-ci deviennent abondantes, la roche se débite en dalles minces propres à couvrir les maisons. Le grès bigarré est une excellente pierre de construction, dont on a fait la cathédrale de Strasbourg ainsi que les soubassements des Halles centrales et du palais de l'Industrie.

Au-dessous du grès bigarré, vient un calcaire noir très-étendu, que l'on trouve à Lunéville, qui est tout parsemé de coquilles fossiles, d'où son nom de calcaire coquiller ou muschelkalk.

Nous trouvons ensuite les marnes irisées, qui présentent toutes les couleurs de l'arc-en-ciel, et qui se distinguent par des amas de gypse, d'anhydrite et de sel gemme (on exploite celui-ci à Dieuze et à Vic).

En Angleterre, on retrouve le terrain triasique ; mais le grès vosgien et le muschelkalk manquent.

Fossiles de la formation triasique : les trilobites ont disparu, les mollusques brachiopodes et céphalopodes sont bien moins nombreux.

Nous voyons apparaître les ammonites, et les reptiles sauriens commencent à se montrer pour se développer dans la période suivante.

Parmi les végétaux, les conifères se développent aussi.

Le grès bigarré, le calcaire coquiller ont les mêmes fossiles : les végétaux sont des conifères du genre woltzia ; les animaux sont des ammonites, parmi lesquels

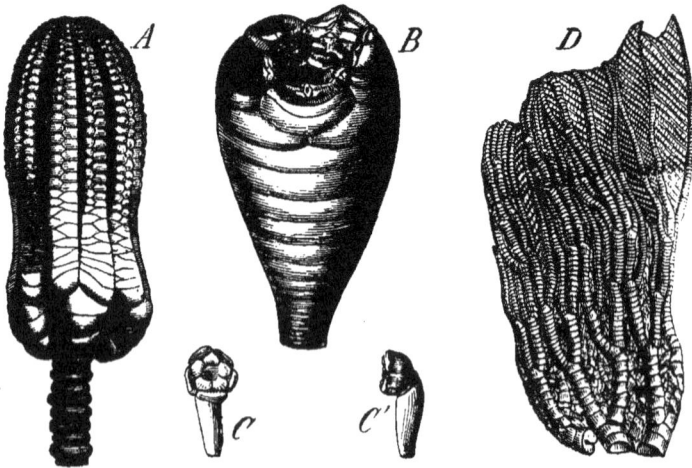

Fig. 18.

on remarque le genre ceratites, des térébratules (coquille bivalve), des polypiers, au nombre desquels nous citerons l'encrinites liliiformis (*fig.* 18) qui se compose d'une longue tige articulée fixée au rocher, le corps est enfermé dans une enveloppe calcaire A qui s'ouvre et de laquelle sortent des bras ou tentacules amenant la nourriture à la bouche de l'animal : B est l'apiocrinus rotundus, C et C' l'eugeniacrinus mutans, et D le pentacrinus Briareus.

Le grès bigarré et le muschelkalk constituent ce que l'on appelle quelquefois la période conchylienne (coquille) et les marnes irisées la période saliférienne ;

celle-ci ne renferme que fort peu de fossiles, seulement quelques petites coquilles.

On trouve sur les bancs argileux de la période triasique des empreintes de pas

Fig. 19.

d'animaux (*fig.* 19) et des débris du squelette des mêmes animaux qui sont des
batraciens gigantesques auxquels on a donné le nom de labyrinthodon. Sur d'au-

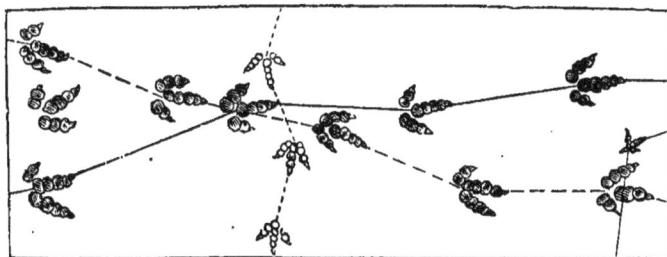

Fig. 20.

tres couches on a découvert des empreintes qui semblent produites par le pas
d'un oiseau (*fig.* 20) mais il semble plus naturel de les attribuer à un reptile.
Signalons encore des empreintes de gouttes de pluie.

.2° *Terrain jurassique.* — C'est dans le Jura que ce terrain présente tout son
développement. On le divise en deux autres terrains : le lias (les Anglais appellent ainsi un calcaire que l'on trouve dans ce terrain), et l'oolithe qui se divise
en oolithe inférieure, moyenne et supérieure.

Si l'on veut résumer le système, on peut dire que le lias est un étage calcaire,
et que chaque oolithe comprend deux étages : en bas, des marnes, et au-dessus,
des calcaires.

Lias. — Il a une épaisseur moyenne d'environ 100 mètres ; on trouve à la base
des grès quartzeux employés en Allemagne comme pierre à bâtir ; au-dessus
viennent des calcaires compactes argilifères, qui fournissent le ciment de Pouilly,
une couche d'argile sans fossiles de 5 mètres de hauteur, les grès d'Hettange, de
nouveaux calcaires bleuâtres, dont quelques couches sont argileuses. Les couches précédentes composent le lias inférieur. Le lias moyen comprend des
marnes, des argiles renfermant des rognons calcaires, il se termine dans la
Haute-Saône par une couche de fer oolithique bien exploitée. Le lias supérieur
comprend des marnes surmontées de calcaires argileux fournissant le ciment de
Vassy, et se termine encore par des marnes ; à ce niveau se rencontre le minerai
de fer d'Hayange (Moselle).

En France, le lias apparaît en Lorraine, en Bourgogne, aux environs de Lyon et dans le Calvados.

Fossiles du lias. — Aux différents étages du lias on rencontre des ammonites de divers genres qui distinguent en partie ces étages les uns des autres.

Les ammonites figuraient en petit nombre dans le trias ; elles sont caractéristiques de la période jurassique. C'est un animal analogue au nautile actuel dont nous avons déjà parlé ; son corps est enfermé dans une coquille spirale divisée

 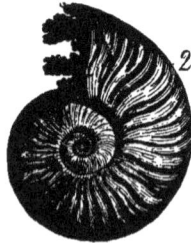 

Fig. 21.   Fig. 22.   Fig. 23.

par des cloisons, il n'occupe que la chambre extérieure et se prolonge dans les autres par un tube ou siphon ; l'animal ayant la faculté d'absorber ou de rendre de l'eau par ce siphon, peut flotter à la surface des eaux ou s'enfoncer dans les profondeurs.

> Le lias inférieur renferme les ammonites planorbis, Taylori (*fig.* 21);
> Le lias moyen renferme les ammonites Davœi, Margaritatus, etc. ;
> Le lias supérieur renferme les ammonites Aalensis (*fig.* 22), Bipartitus (*fig.* 23).

Un mollusque céphalopode qu'on voit apparaître pour la première fois est la bélemnite. « C'était, dit M. Bayle, auquel nous empruntons le dessin de la bélemnite restaurée (*fig. 4, pl.* I), un céphalopode analogue aux calmars actuels. Le corps était allongé, cylindrique, constituant une sorte de sac A renfermant les viscères ; sa partie supérieure est formée par la tête B, très-nettement séparée du reste du corps. Elle porte deux yeux (*a, a*), très-volumineux, et est couronnée de dix appendices mobiles ou bras : huit d'entre eux (*b*) sont courts et munis dans toute leur étendue de deux rangs de ventouses armées de crochets cornés, très-solides, comparables à ceux de certains céphalopodes des mers tropicales. Les deux autres bras, insérés de chaque côté entre le premier et le second bras antérieur, sont longs, grêles et fortement contractiles. La bouche, placée au centre du disque formé par les dix bras était sans doute armée de deux mandibules cornées analogues au bec d'un perroquet. Le sac, à la partie antérieure du côté ventral, présente une fente (*mn*), destinée à laisser pénétrer l'eau de la mer dans une cavité spéciale isolée par des membranes des autres parties du corps et contenant les branchies respiratoires. L'eau, qui a servi à la respiration, est expulsée par un mouvement général de contraction ; mais, comme alors la fente *mn* est fermée, l'eau s'échappe par un tube conique placé à la partie antérieure de la tête et nommé entonnoir *k*. En même temps, il se produit un mouvement de recul rapide de l'animal, qui peut en outre se mouvoir à l'aide de ses deux nageoires D. L'estomac est une poche intérieure réunie à la bouche par un conduit, lequel sert à la fois au passage de la nourriture et au passage des déjections.

Comme les autres céphalopodes, les bélemnites pouvaient échapper à leurs ennemis en obscurcissant l'eau autour d'elles au moyen d'une liqueur noire sécrétée par une poche à encre. Cette substance, insoluble dans l'eau, a été quelquefois conservée à l'état fossile avec la poche qui la contient.

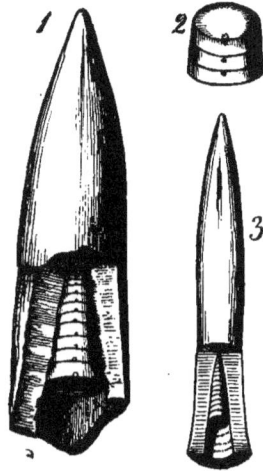

Dans l'épaisseur du tissu de la partie dorsale de la bélemnite était un osselet analogue à la plume du calmar et à l'os de la seiche. La pointe ou rostre est une pièce cylindro-conique formée par une série de cônes calcaires à parois minces, emboîtés les uns aux autres, et soutenus par une série de petits piliers calcaires normaux ou cônes, disposition qui rendait ce corps caverneux pendant la vie de l'animal ; les vides étaient remplis de matière animale. »

C'est cette partie calcaire de forme conique que l'on retrouve dans les terrains et à laquelle on donne le nom de bélemnite en prenant la partie pour le tout. La figure 24 en représente plusieurs.

Fig. 24.

Dans le lias inférieur, on trouve la *belemnites acutus ;*
Dans le lias moyen,   —   la *belemnites paxillosus*, etc.;
Dans le lias supérieur,   —   la *belemnites irregularis*, etc.

Parmi les fossiles du lias, on signale encore des représentants du genre huître ou ostrea, par exemple, la gryphée arquée (*ostrea arcuata*) (*fig.* 25), l'*ostrea*

Fig. 25.   Fig. 26.   Fig. 27.

Marshii (*fig.* 26), l'*avicula inæquivalvis* (*fig.* 27), le *pecten æquivalvis*, la *lima gigantea*, etc.

Aux céphalopodes et aux mollusques, il faut ajouter des zoophytes, tels que les astéries ou étoiles de mer, et surtout des reptiles d'une grandeur et d'une structure étonnantes. Dans le lias inférieur on trouve des quantités de dents de sauriens ; on rencontre aussi dans ce terrain des coprolithes ou excréments fossiles (*fig.* 28) dans lesquels on retrouve des os de poissons et de reptiles. La figure 28 donne un coprolithe en grandeur naturelle; l'intérieur des intestins est encore moulé à la surface. Il appartient à l'ichthyosaure dont on a recueilli les squelettes complets, et dont nous donnons (*fig.* 5, *pl.* I) le croquis du squelette ; ce reptile atteignait jusqu'à 10 mètres de longueur.

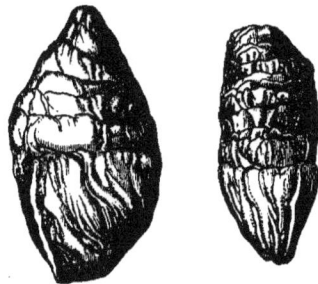

Fig. 28.

A côté de l'ichthyosaure, se présente un autre reptile dont la figure 6, planche 1, donne un croquis, c'est le plésiosaure, qui possède la tête du lézard, avec des dents de crocodile, un cou qui est un corps de serpent, le tronc et la queue d'un quadrupède, et les nageoires de la baleine. Il atteint les mêmes dimensions que l'ichthyosaure.

Signalons encore le ptérodactyle que l'on peut comparer au dragon de la Fable.

Pendant la période du lias, la végétation était des plus luxuriantes, des prêles, des roseaux gigantesques, des fougères, des conifères, et enfin les cycadées qui se rapprochent des palmiers : ceux-ci paraîtront dans la période prochaine.

Oolithe inférieure. — Le terme général d'oolithe vient de ce que ces terrains sont formés par l'agrégation de petits grains ronds semblables à des œufs de poisson (*ôon*, œuf et *lithos*, pierre).

Dans l'oolithe inférieure on distingue bien des couches : par exemple, en Normandie, les couches successives sont : 1° des marnes sableuses qu'on appelle malière (*belemnites gladius*, *ammonites Murchisonæ*) ; 2° l'oolithe inférieure ferrugineuse, calcaire très-dur renfermant des grains ferrugineux (*belemnites giganteus*, *ammonites Parkinsoni*) ; 3° l'oolithe blanche, semblable à la précédente excepté qu'elle ne contient pas de fer ; 4° la terre à foulon, qui comprend les argiles bleuâtres mêlées de calcaires qu'on trouve à Port en Bessin ; cet étage à Caen est formé d'un calcaire, excellent pour la construction, et employé à bâtir les églises de Londres ; 5° la grande oolithe, comprenant à la base des calcaires durs propres à la construction et portant le nom de caillasse de Ranville, puis vient le calcaire à polypiers de Ranville, qui à la partie supérieure fournit des dalles composant la couche appelée dalle nacrée (*ammonites arbustigerus*, *terebratula digona*).

En Bourgogne, l'oolithe inférieure présente les couches suivantes : 1° la malière; 2° le calcaire à entroques correspondant à l'oolithe ferrugineuse (les entroques sont les articulations d'animaux analogues à l'*encrinites moniliformis*) ; 3° le calcaire à polypiers qui remplace l'oolithe blanche, 4° le calcaire jaunâtre correspondant à la terre à foulon ; 5° la grande oolithe qui comprend l'oolithe miliaire formée d'un grain petit et régulier semblable au millet, l'oolithe grossière et la dalle nacrée.

Fossiles de l'oolithe inférieure ; en dehors des ammonites, bélemnites, térébratules que nous avons signalées pour chaque couche entre parenthèses, l'oolithe inférieure présente les premiers types de ces animaux curieux, les marsupiaux, qui sont intermédiaires entre les reptiles et les mammifères, et qui sont aujourd'hui représentés par la sarigue et le kanguroo.

Oolithe moyenne. — L'oolithe moyenne peut s'étudier sur le rivage de la Manche entre Cabourg et Trouville ; elle comprend : 1° des marnes gris bleuâtres qui se délitent sous l'influence des agents atmosphériques, et qui déterminent souvent la chute de pans entiers de falaises. Recouvertes de goëmons, ces marnes sont bien connues dans le pays sous le nom de vaches noires (*ammonites hecticus*, *ammonites athleta*, *belemnites excentralis*) ; à cet étage correspond les kelloway-roks des Anglais formés d'un calcaire très-dur ; 2° des marnes noires mélangées d'assises calcaires (*ammonites perarmatus*), et représentées en Angleterre par l'argile d'Oxford (*Oxford clay*) ; 3° un étage appelé étage corallien (*coral rag* des Anglais), et formé de deux couches que l'on voit à Trouville ; en bas, un calcaire bleu oolithique (*ammonites Achilles*, *cidaris florigemma* du genre oursin), et au-dessus un calcaire à texture lâche parsemé de polypiers.

Le kelloway-rok se retrouve dans la Sarthe avec deux assises de plus, et dans les Ardennes où il est à l'état d'argile.

Dans les Ardennes, l'oxford-clay renferme des minerais de fer, et en Bourgogne, on retrouve ce même étage à l'état de calcaire de Vermanton.

A la Voulte (Ardèche), l'oolithe moyenne renferme des mines précieuses de fer oligiste.

Dans le Dauphiné, le calcaire de l'Échaillon, employé à la colonnade du nouvel Opéra, appartient à l'étage corallien.

Fossiles. — Nous avons signalé entre parenthèses les fossiles caractéristiques de chaque couche. C'est dans cette période qu'apparaissent les premiers oursins ; l'animal est renfermé dans un test calcaire formé de plaquettes dont les jointures se dessinent à la surface, il est assez complexe et appartient à la classe des échi_

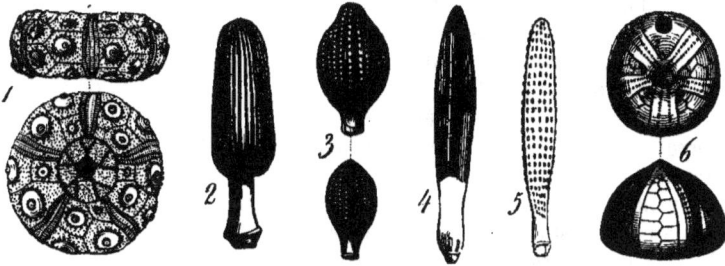

Fig. 29.

nodermes, dont il existe encore de nombreux échantillons. Il est évident qu'on ne retrouve plus que le test. La figure 29 [1] représente un oursin du genre cidaris : la bouche est centrale et de section pentagonale ; autour de la bouche on trouve dix plaquettes, les unes à quatre côtés, sont les plaquettes génitales, percées de pores, et communiquant, suivant le sexe, à l'appareil mâle ou à l'appareil femelle, les autres, à section triangulaire portent les yeux. Dans les cidaris, l'anus est opposé à la bouche et occupe le centre du test ; sur le test, on trouve des tubercules qui portaient des baguettes plus ou moins grosses, plus ou moins pointues ; la figure 29 [2] donne la baguette du *cidaris coronata*, les n°s 3, 4, 5 représentent d'autres baguettes de cidaris, et le n° 6 est le *galerites vulgaris*. A l'époque de l'oolithe moyenne apparaissent aussi des insectes : libellules, papillons, abeilles. Les reptiles se montrent toujours.

Oolithe supérieure. — Elle est bien développée en Bourgogne et se trouve aussi en Angleterre. Elle comprend : 1° des marnes caractérisées par l'*ostrea virgula* (huître en forme de virgule), et l'*ammonites cymodoce ;* 2° d'autres marnes où l'on trouve une grande ammonite (*ammonites gigas*) ; c'est cette couche qui, en Angleterre, fournit le ciment de Portland ; 3° un calcaire jaunâtre à tissu lâche, appelé calcaire vacuolaire (*trigonia gibbosa*) ; 4° une couche de marnes bleues ne contenant que des coquilles d'eau douce, et par conséquent déposée en eau douce.

Les marsupiaux se montrent comme à la première période de l'oolithe, en même temps que des sauriens, parmi lesquels nous signalerons une sorte de crocodile de grandes dimensions. Dans la carrière de Solenhofen, on a même découvert dans des couches de calcaire lithographique les débris fossiles d'un oiseau.

Au moment où va commencer la période crétacée, voici les parties de la France qui émergeaient des eaux : la Manche, la Sarthe, la Bretagne, la Vendée, les Charentes, le Limousin, le Cantal, les Cévennes, Saint-Étienne, Nevers, le Morvan, Chaumont, Besançon, la Lorraine, les Vosges, le Jura, les Alpes, la Provence orientale et les Pyrénées : les bassins de la Seine, de la Somme, du Rhône de la Gironde et la partie médiane du bassin de la Loire étaient sous les eaux.

3° *Terrain crétacé.* — Le terrain crétacé tire son nom de l'abondance exceptionnelle de carbonate de chaux que l'on y rencontre. Ce carbonate a dû sortir des profondeurs de globe à l'état de bicarbonate, ainsi que nous l'avons déjà dit ; ce bicarbonate a pu se réduire en perdant de l'acide carbonique et se déposer chimiquement ; mais la plus grande cause de sa production est l'amas énorme des dépouilles calcaires que les animaux de l'époque abandonnaient après leur mort ; les couches du terrain crétacé sont donc formées, un grande partie, d'une agrégation de tests et de coquilles de toutes dimensions, parmi lesquels dominent les dimensions microscopiques. Regardez au microscope un fragment de craie, vous le trouverez peuplé de petites ammonites, de zoophytes et de foraminifères excessivement ténus.

Le terrain crétacé se compose de beaucoup d'assises que nous passerons en revue pour la France seulement :

En Provence, on le trouve dans le bassin du sud-ouest, dans le bassin de la Loire et dans le bassin de Paris. Ce dernier est le plus complet, il comprend :

1° L'*étage néocomien*, divisé en trois assises principales, savoir : les argiles de Vassy, mélangées de couches de sable et de marne avec des minerais de fer (*belemnites latus, dilatatus*) ;

Le calcaire à spatangues, qui donne quelques bonnes pierres de taille (*ammonites asper, toxaster complanatus*, qui s'appelait autrefois *spatangus, perna mulleti*) ;

Les argiles à plicatules recouvertes d'un banc de sable sans fossiles, (*ostrea aquila, ammonites Dufrenoysi*, etc.....).

Le mot néocomien vient de l'ancienne dénomination latine de la ville de Neufchâtel, en Suisse, où le terrain en question est très-développé.

L'étage néocomien n'existe que dans l'est du bassin de Paris et en Provence.

2° Le *Gault*, qui ne se trouve aussi que dans le bassin de Paris et en Provence ; sur la falaise de Folkestone, le gault est formé de 40^m d'argile noire qui lui donne son nom, en France il renferme des marnes. On le trouve au-dessus des argiles à plicatules, dont il est séparé par un banc de sable, lequel reçoit les eaux pluviales et les laisse pénétrer jusqu'au fond de la cuvette argileuse du bassin de Paris ; le gault est la dernière assise que doit traverser à Paris le tube d'un puits artésien pour arriver à la nappe jaillissante (*ammonites splendens, inoceramus sulcatus*).

3° La *craie chloritée*, qui se subdivise en quatre assises principales : la gaize, qui est un calcaire argilo-siliceux, très-développé dans la Meuse, et qu'on retrouve à la pointe de la Hève sous la forme d'un calcaire jaunâtre renfermant des fossiles silicifiés (*ammonites falcatus*) ;

La craie à *turrilites tuberculatus*, que l'on trouve à la Hève et à l'est du bassin de Paris (*pecten asper, ostrea conica, turrilites tuberculatus*) ;

La craie de Rouen, que l'on exploite dans des carrières voisines de la ville, et qui est une mauvaise pierre de construction ; c'est une craie plus marneuse que la précédente (*turrilites costatus, scaphites æqualis, ammonites rhotomagensis*) ;

La quatrième assise manque dans le bassin de Paris ; on la trouve dans le bassin de la Loire, elle est formée des sables appelés dans le pays jalais, et qui sont mélangés de quelques couches de marne sableuse, très-riches en fossiles du genre ostrea (*ostrea columba, plicata*, etc.).

Cet étage tire son nom de craie chloritée de l'aspect que présente la troisième et surtout la seconde assise ; elles sont parsemées de petits grains verdâtres.

En Provence, aux trois premières assises de la craie chloritée, correspond le calcaire corallien de Bergons qui est une bonne pierre ; au-dessus on trouve une couche de lignites.

4° La *craie tuffau*, qui se subdivise en deux assises :

La craie à *inoceramus labiatus* ;

La craie marneuse renfermant l'*hippurites cornu vaccinum* ;

Cette assise est très-développée sur la Loire, où elle fournit les pierres dont sont bâtis la plupart des châteaux, c'est le calcaire de Bouré.

Aux environs d'Angoulême, on retrouve la craie tuffau que traverse le tunnel près de cette ville, et dont l'assise supérieure donne une pierre à bâtir qui durcit à l'air.

En Provence, au-dessus de la couche à *inoceramus labiatus*, on trouve le calcaire de Berre.

5° La *craie supérieure*, qui se subdivise en quatre assises : la craie à *micraster cor testudinarium*, que l'on observe à la falaise de Fécamp sous la forme d'une puissante assise de craie blanche ; on la retrouve dans les carrières de Rouen où elle renferme des rognons de silex blonds ;

La craie de Meudon, qu'on trouve près de Paris à Bougival, Marly, Meudon ; c'est une craie blanche au milieu de laquelle on trouve des bancs de silex noirs (*belemnites mucronatus, micraster coranguinum*) ;

Le calcaire de Maëstricht, que l'on trouve à Meudon sous forme d'une craie dure et jaunâtre criblée de tubulures, et qui, à Maëstricht, est un calcaire jaunâtre et tendre, durcissant à l'air (*ostrea frons*) ;

Le calcaire pisolithique existe à Meudon sous une faible couche de 2 mètres environ, supérieure à la craie jaunâtre, dont nous venons de parler, c'est un calcaire blanc, grumelé.

En Provence, la craie supérieure est représentée uniquement par les lignites de la Sainte-Baume et de Fuveau.

Fossiles. — Nous avons cité plusieurs ammonites, plusieurs bélemnites, parmi lesquelles on en distingue de plates (*belemnites latus, dilatatus*), des huîtres, parmi lesquelles l'*ostrea columba* (*fig.* 7, *pl.* I), l'*inoceramus sulcatus* (*fig.* 8, *pl.* I), des échinodermes, parmi lesquels les *micraster*, l'*ananchytes ovata* et le *galerites depressus* (*fig.* 30, n°s 1 et 2), des polypiers, dont on trouve les espèces les plus variées, des turrilites, parmi lesquels le *turrilites catenatus* (*fig.* 9, *pl.* I), les turrilites sont des ammonites, dont les spirales ne sont pas dans le même plan, ils sont enroulés de droite à gauche, tandis que la plupart des mollusques à coquille spirale s'enroulent de gauche à droite.

Dans le terrain crétacé inférieur, on trouve quelques oiseaux, des poissons, des reptiles : le plus curieux de ceux-ci est le mégalosaure, grand lézard atteignant jusqu'à 15 mètres de longueur, et qui était carnivore comme le montre sa mâchoire. A côté de lui, et plus grand encore était un autre lézard, l'iguanodon analogue à l'iguane actuel.

Dans le terrain crétacé supérieur, ce qui domine ce sont les polypiers et les coraux, qui devaient former d'immenses récifs au fond des eaux. Les animaux terrestres devaient être très-nombreux, mais on comprend sans peine que les

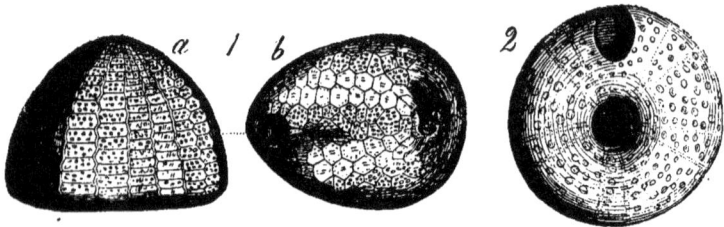

Fig. 50.

dépouilles de ces animaux arrivent bien moins facilement jusqu'à nous que celles des animaux marins. En 1780, on découvrit dans le calcaire de Maëstricht un immense saurien, qui donna lieu à des discussions et même à des disputes violentes entre les savants, c'est le mosasaure, sorte de grand lézard aquatique, dont la tête seule a 2 mètres de long.

TERRAINS TERTIAIRES

Les terrains tertiaires se subdivisent comme il suit, en commençant par la plus ancienne formation :

1° Terrain éocène ;
2° Terrain oligocène ;
3° Terrain miocène ;
4° Terrain pliocène ;
5° Terrain quaternaire qui se continue par la formation actuelle.

Pendant la période tertiaire, les mammifères vont à leur tour régner sur le globe. Dans les mers, on ne trouve plus que des coquilles analogues à celles de notre époque. La vie animale se développe avec une force inconnue jusque-là. Les continents sont plus étendus, et les assises formées en eau douce s'intercalent entre les assises marines.

Les noms donnés aux quatre sous-périodes sont consacrés par l'usage bien que peu clairs et peu corrects. En voici l'étymologie :

Éocène (eós, aurore et kainos, récent), oligocène (oligos, peu nombreux), miocène (meion, moins), pliocène (pleion, plus). Ils signifient que l'époque tertiaire est comme l'aurore des temps actuels, et que la vie aux différentes époques ressemble dans une proportion plus ou moins grande à la vie actuelle.

1° Terrain éocène. — Il est bien développé dans la vallée de la Seine. A Meudon, au-dessus du calcaire pisolithique, on trouve un conglomérat de galets siliceux enlevés à la craie par les courants aquatiques (physa, cerithium), puis une couche épaisse d'argile, appelée bonne glaise à la partie inférieure, et fausse glaise à la partie supérieure, parce qu'elle est très-sableuse.

Vient ensuite le calcaire grossier : il commence par des sables parsemés de grains chlorités, qui sont du silicate de fer, et se continue par le banc Saint-Jacques, mauvais calcaire verdâtre (cerithium giganteum, nummulites lævi-

gata), par le calcaire à milliolites qui est criblé d'une masse de foraminifères appelés milliolites (*cerithium nudum*, etc.); on arrive au calcaire grossier supérieur qui comprend le banc vert, calcaire très-dur (*cerithium lapidum*, *cerithium cristatum*) ; le calcaire à cérithes qui constitue le banc de roches, le liais, le calcaire à grain fin, qu'on trouve aux environs de Senlis et qui est employé en statuaire, et, enfin, une série de marnes et de mauvais calcaires argileux désignés sous le nom de caillasse (*cyclostoma, limnea, cerithium*).

Les assises précédentes sont très-intéressantes au point de vue des arts de la construction ; nous aurons lieu de les étudier à nouveau dans une autre partie de l'ouvrage. C'est ainsi que le banc Saint-Jacques donne à Saint-Leu une pierre d'un beau grain fin qui durcit à l'air et qu'on a employée au Louvre ; le calcaire à milliolites offre deux assises principales : le vergelé qui est tendre, et au-dessus le banc royal qui est très-dur.

Au-dessus des caillasses, viennent sur une grande épaisseur, des sables siliceux qui, s'ils sont cimentés par un calcaire, fournissent des pavés et de mauvaises pierres de taille. Ces sables présentent quatre grandes assises : les sables jaunes d'Auvers près Pontoise, les sables violacés de Beauchamps, souvent agglutinés par un ciment calcaire et donnant des grès, sables du Guépelle, sables de Mortefontaine.

Après les sables, la mer s'est retirée et l'on trouve une formation d'eau douce, les calcaires de Saint-Ouen.

Vient alors le système du gypse que l'on rencontre à Argenteuil, Triel et qui comprend : 1° des marnes jaunâtres ; 2° une couche épaisse de gypse saccharoïde (3me masse des carriers) ; 3° des marnes ; 4° la seconde masse de gypse parsemée de cristaux en fer de lance ; 5° des marnes ; 6° la première masse de gypse qui est très-épaisse, et qu'on appelle couche des hauts piliers parce qu'en se contractant elle s'est divisée en prismes verticaux ; 7° des calcaires marneux donnant des chaux hydrauliques.

Dans la vallée de l'Oise, le terrain éocène offre des assises différentes. Il comprend : 1° les sables blancs et purs de Rilly qui sont employés à fabriquer les glaces de Saint-Gobain ; 2° les calcaires argileux parsemés de nodules calcaires ; 3° les sables marins de Bracheux ; 4° les marnes à lignites du Soissonnais ; 5° les sables du Soissonnais qu'on remarque à Cuise-la-Motte. Toutes ces assises appartiennent à l'éocène inférieur.

Fossiles. — On connaît plus de 200 espèces dans la flore de l'éocène, sur lesquelles environ 150 dicotylédones. Les insectes, les oiseaux se montrent en très-grand nombre. On trouve des débris de chauves-souris, de reptiles, par exemple l'alligator, et de tortues ; le sable vert du calcaire grossier est parsemé de dents de squale. Les plus curieux de tous ces animaux, sont de grands mammifères de l'ordre des pachydermes, dont les ossements très-nombreux dans le gypse ont fourni à Cuvier l'occasion de ses belles découvertes. Nous citerons le palæotherium qui a la trompe du tapir, une grosse tête, un corps trapu, des jambes courtes terminées par trois doigts qui sortent d'un sabot (*fig.* 10 *pl.* 1), l'anoplotherium qui a des dents de rhinocéros et le pied fourchu des ruminants avec la taille d'un âne (*fig.* 11, *pl.* 1) et une queue très-longue, le xiphodon qui avait la taille et l'allure du chamois.

Parmi les coquilles que nous avons signalées, la figure 12, planche 1, représente un cyclostoma (bouche en cercle), la figure 13, planche 1, une lymnæa, la figure 31, des fusus et des cérithes (n°s 5 et 6) et la figure 32 des nummulites, animaux inférieurs foraminifères, dont le test forme des bancs entiers de calcaires.

2° *Terrain oligocène.* — Souvent on ne fait point cette division, parce que le terrain oligocène, très-développé en Allemagne, l'est fort peu en France. Au-

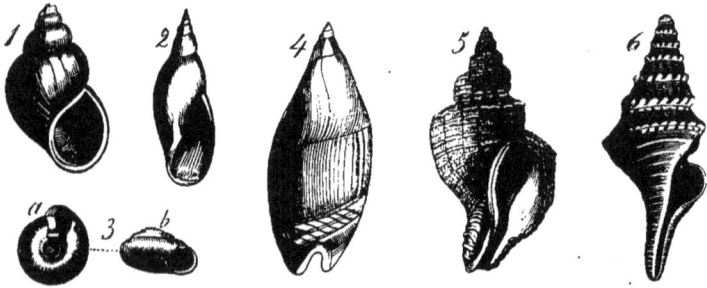

Fig. 51.

dessus du calcaire marneux qui forme la dernière assise du gypse, on rencontre : 1° des marnes vertes ; 2° des marnes jaunes dites marnes à cyrènes ; 3° des calcaires d'eau douce qui se modifient peu à peu et se transforment à la Ferté-sous-Jouarre en meulières précieuses ; 4° des marnes parsemées d'huîtres ; 5° les sables de Fontainebleau, qui se transforment en grès lorsqu'ils sont agglu-

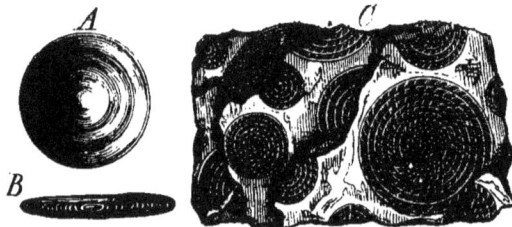

Fig. 52.

tinés tantôt par un ciment siliceux, tantôt et plus rarement par un ciment calcaire ; ces sables, qui ne renferment point de fossiles à Fontainebleau, en montrent un certain nombre aux environs d'Étampes ; 6° les meulières de la Beauce, qui vers Orléans se transforment en calcaires siliceux donnant une excellente pierre de construction dont est bâtie la cathédrale de Chartres.

3° *Terrain miocène.* — Il commence par les sables argileux de la Sologne, qui sont d'une triste stérilité ; viennent ensuite les faluns de la Touraine, formés par un amas de coquilles roulées (cerithium plicatum), que l'on voit encore à Doué près d'Angers. Dans le sud-ouest de la France, le terrain miocène est plus complet. Dans la Gironde et les Landes, on trouve d'abord un sable jaune mélangé d'un falun bleuâtre, puis un calcaire d'eau douce, un falun caractérisé par les genres de coquilles pleurotoma et cancellaria, et un autre falun caractérisé par une cardita.

Dans les Alpes, on trouve encore le terrain miocène formé par des couches alternantes de molasses et de poudingues de 1500 mètres de hauteur. Les Suisses ont donné à cet ensemble le nom de nagelflue.

Fossiles. — Dans le règne végétal, les palmiers voient leurs espèces se multiplier, tandis que les algues, les fougères et les conifères diminuent ; c'est à la puissante végétation arborescente de l'époque que l'on doit les lignites.

Dans le règne animal, nous trouvons des reptiles (grenouilles, couleuvres), des poissons et beaucoup de mammifères (singes, chiens, rongeurs). Nous voyons apparaître dans le terrain miocène le plus grand des mammifères connus, le dinothérium, d'une taille effrayante, supérieure à celle de l'éléphant, dont il se rapproche comme forme ; il était herbivore comme lui ; muni d'une trompe puissante, il avait deux défenses recourbées vers le sol. Le mastodonte plus petit que le dinothérium, se rapproche plus encore de l'éléphant ; il a une trompe et des défenses analogues, avec un corps plus allongé et une seconde paire de petites défenses recourbées vers le bas. A côté de ces animaux, il fallait distinguer encore un singe de grandes dimensions.

4° *Terrain pliocène.* — On le rencontre en Auvergne, dans les Dombes, près de Perpignan, dans la plaine de la Mitidja près d'Alger, près d'Asti en Italie à la suite de la colline de la Superga qui est entièrement formée de conglomérats miocènes.

Près d'Asti, le terrain pliocène se compose de marnes bleues d'une grande épaisseur, surmontées de 60 mètres de sables.

Dans le midi de la France, les faluns de Saubrègues correspondent aux marnes bleues d'Asti et présentent les mêmes fossiles.

Les sables d'Asti sont remarquables par de nombreux débris de mastodontes, d'éléphants et d'hippopotames ; à ces sables correspondent en France les sables de la Limagne et ceux des Landes.

Fossiles. — Dans le règne végétal, on voit se multiplier les représentants de nos forêts d'aujourd'hui, avec beaucoup de conifères, et très-peu de palmiers ou de fougères ; les érables et les chênes sont particulièrement développés.

Les mammifères continuent leur développement : nous retrouvons le mastodonte de la période miocène, avec certaines espèces actuelles, telles que le cheval, le bœuf, le cerf, le chameau.

L'ordre des édentés, grands animaux qui n'ont pas de dents sur le devant et qui se nourrissent de végétaux, est très-developpé ; on y remarque plusieurs animaux ressemblant au tatou.

Le plus curieux parmi ces animaux est le mégathérium, de l'ordre des paresseux, qui vivait sur les arbres et se nourrissait de feuilles, il pouvait aussi fouiller le sol et déterrer des racines ; il était de la taille d'un éléphant, avec des ossements énormes, les vertèbres de la queue atteignent jusqu'à $0^m,60$ de diamètre, et ce devait être là une puissante arme offensive ; les pattes de devant avaient plus d'un mètre de long, $0^m,35$ de large et étaient armées de fortes griffes. A côté du mégathérium existaient des espèces analogues et plus petites.

D'énormes troupeaux de bœufs, d'une taille supérieure à celle de l'auroch et semblables aux buffles actuels, parcouraient le terrain pliocène, avec des chevaux, des chameaux, des hippopotames, des tapirs, un cerf énorme dont la tête portait quatre bois.

Signalons aussi parmi les reptiles, des salamandres de plusieurs mètres de longueur (celles de nos jours n'ont guère que $0^m,50$).

Avec le terrain pliocène se termine la période des terrains anciens : la formation quaternaire va commencer, elle se poursuit encore de nos jours. Avant de l'examiner, nous reproduirons ici la description géologique de la France, due à la plume éminente de M. Élie de Beaumont.

DESCRIPTION GÉOLOGIQUE DE LA FRANCE

« Si l'on examine la carte géologique de la France, on remarque que les diverses formations du terrain jurassique y forment comme une large écharpe qui traverse obliquement la partie centrale de la carte, des environs de Poitiers à ceux de Metz et de Longwy.

Cette écharpe se recourbe d'une part, vers le haut, du côté de Mézières et de Hirson, et de l'autre, vers le bas, du côté de Cahors et de Milhau; mais en même temps il s'en détache deux branches, dont l'une, se repliant au nord-ouest, se dirige sur Alençon et Caen, tandis que l'autre, descendant au midi, suit d'abord la Saône et ensuite le Rhône, depuis Lyon jusqu'au delà de Privas, et tourne autour des Cévennes jusqu'au delà de Montpellier, pour aller rejoindre la première branche dans le département de l'Aveyron.

Ces bandes recourbées, projettent en outre, dans différentes directions, des appendices irréguliers ; mais ce qu'elles présentent de plus remarquable, c'est qu'en faisant abstraction de ces irrégularités et en les réduisant par la pensée à leur plus simple expression, on voit ces bandes former deux espèces de boucles, qui dessinent sur la surface de la France une figure dont la forme générale est celle d'un 8 ouvert par le haut.

Ces assises du calcaire jurassique, qui nous présentent l'immense avantage de pouvoir être poursuivies à découvert, d'une manière sensiblement continue, d'un bout de la France à l'autre, suivant des contours variés qui en touchent presque toutes les parties, se prolongent souterrainement dans des espaces beaucoup plus étendus que ceux où elles forment la surface ; mais la manière dont elles s'enfoncent ainsi pour s'étendre par-dessous terre n'est pas la même dans toutes les parties de leur contour apparent.

Si les deux boucles supérieure et inférieure que présente la figure analogue à celle d'un 8, qu'elles dessinent sur la surface, ont entre elles une sorte de correspondance, elles présentent en même temps une opposition complète dans la manière dont les couches jurassiques y sont disposées relativement aux masses qui occupent les deux espaces qu'elles entourent vers le nord et vers le sud : en effet, la boucle inférieure ou méridionale circonscrit un massif proéminent, formé principalement de terrain granitique.

C'est le massif montagneux de la France centrale, couronné par les roches volcaniques du Cantal, du Mont-Dore et du Mézenc. Cette boucle méridionale est ainsi moins élevée que l'espace qu'elle entoure, tandis que la boucle supérieure ou septentrionale, qui forme le contour d'un bassin dont Paris occupe le centre, est en grande partie, plus élevée que le remplissage central de ce bassin. L'intérieur de ce bassin est occupé par une succession d'assises à peu près concentriques, comparables à une série de vases semblables entre eux, qu'on fait entrer l'un dans l'autre pour occuper moins d'espace.

La différence la plus essentielle des deux boucles opposées de notre 8 est que l'une recouvre, et que l'autre supporte les masses minérales qui occupent l'espace qu'elle entoure. La boucle inférieure et méridionale est formée par des couches qui s'appuient sur le bord du massif granitique qui leur sert de centre, et, en quelque sorte, de noyau ; la boucle supérieure et la plus septentrionale est formée au contraire, par des couches qui s'enfoncent de toutes parts sous un remplissage central auquel elles servent de support, de bassin, de récipient, et dont elles excèdent généralement la hauteur.

La disposition des couches jurassiques, dont nous venons de donner l'indication, est liée de la manière la plus intime à la structure, tant intérieure qu'extérieure, de la plus grande partie du territoire français. Nous pouvons le faire aisément comprendre, en esquissant rapidement les traits par lesquels sa structure extérieure se décèle. '

Les deux parties principales du sol de la France, le dôme de l'Auvergne et le bassin de Paris, quoique circulaires l'une et l'autre, présentent, comme on vient de le voir, des structures diamétralement contraires. Dans chacune d'elles, les parties sont coordonnées autour d'un centre ; mais ce centre joue, dans l'une et dans l'autre, un rôle complétement différent.

Ces deux pôles de notre sol, s'ils ne sont pas situés aux deux extrémités d'un même diamètre, exercent en revanche, autour d'eux des influences exactement contraires : l'un est creux et attractif ; l'autre, en relief, est répulsif.

Le pôle en creux vers lequel tout converge, c'est Paris, centre de population et de civilisation. Le Cantal, placé vers le centre de la partie méridionale, représente assez bien le pôle saillant et répulsif. Tout semble fuir en divergeant de ce centre élevé, qui ne reçoit du ciel qui le surmonte que la neige qui le couvre pendant plusieurs mois de l'année. Il domine tout ce qui l'entoure, et les vallées divergentes versent leurs eaux dans toutes les directions. Les routes s'en échappent en divergeant comme les rivières qui y prennent leurs sources. Il repousse jusqu'à ses habitants, qui, pendant une partie de l'année, émigrent vers des climats moins sévères.

L'un de nos deux pôles est devenu la capitale de la France et du monde civilisé, l'autre est resté un pays pauvre et presque désert.

La structure la plus méridionale des deux parties de territoire que nous venons d'opposer l'une à l'autre se dessine par des traits qui doivent frapper bien plus au premier abord, que ceux de la partie septentrionale, puisque ces traits sont les montagnes les plus élevées de l'intérieur de la France. Cependant, lorsqu'on y regarde de plus près, la structure en forme de bassin de la partie septentrionale se dessine, de son côté, avec une netteté toute particulière, au moins dans sa partie orientale.

La partie orientale est, en effet, celle dans laquelle le contour jurassique du bassin s'élève à la plus grande hauteur. Les différentes assises dont il se compose ont été usées inégalement par les révolutions du globe, et, suivant leurs divers degrés de dureté, elles forment comme une série de moulures concentriques les unes aux autres. Il est arrivé la même chose aux assises, de solidités diverses, qui se trouvent appliquées successivement l'une sur l'autre dans l'intérieur du bassin. De là une série de crêtes saillantes formées par les extrémités des couches les plus solides. Ces crêtes tournent parallèlement les unes aux autres autour de Paris, qui est leur centre commun. Les rivières qui, comme l'Yonne, la Seine, la Marne, l'Aisne, l'Oise, convergent vers le centre du bassin parisien, traversent les crêtes successives dans des défilés que les révolutions du globe ont ouverts pour elles. Ces mêmes crêtes forment les lignes naturelles de défense de notre territoire, et les opérations stratégiques de toutes les armées qui l'ont attaqué ou défendu s'y sont toujours coordonnées par la force même des choses.

Jamais cette vérité n'a été mise plus vivement en lumière que dans la mémorable campagne de 1814.

Sur la crête la plus intérieure formée par le terrain tertiaire ou tout près d'elle, se trouvent les champs de bataille de Montereau, de Nogent, de Sésanne, de Vauchamps, de Montmirail, de Champaubert, d'Épernay, de Craone, de Laon.

Sur la deuxième, formée par la craie, se trouvent Troyes, Brienne, Vitry-le-Français, Sainte-Ménéhould. Là aussi se trouve Valmy !

La troisième crête, beaucoup moins prononcée et plus inégale, présente cependant les défilés de l'Argonne.

Près de la quatrième ligne saillante, qui déjà appartient au terrain jurassique, se trouvent Bar-sur-Seine, Bar-sur-Aube, Bar-le-Duc, Ligny.

Près de la cinquième, qui est également jurassique, sont Châtillon-sur-Seine, Chaumont, Toul, Verdun.

La sixième, déjà un peu excentrique est formée par les coteaux élevés qui dominent Nancy et Metz, et qui s'étendent sans interruption, depuis Langres jusqu'à Longwy, Montmédy, et jusqu'aux environs de Mézières.

Paris est placé au milieu de cette sextuple circonvallation opposée aux incursions de l'Europe, et traversée par les vallées convergentes des rivières principales.

Vers le nord-est, la branche orientale du grand 8 jurassique ne se recourbe que souterrainement et cesse de saillir à la surface. Aussi a-t-on depuis longtemps senti la nécessité de suppléer à l'absence de lignes naturelles de défense, en renforçant, cette partie faible de nos frontières, par une triple rangée de places forces.

Du côté du nord-ouest, la ceinture jurassique s'interrompt ; elle est coupée par les rivages de la Manche qui empiètent sur le bassin septentrional.

A l'ouest et au midi de Paris, les traits principaux de sa forme reparaissent, quoique moins prononcés que vers l'est. On les retrouve, en grande partie, dans la structure intérieure du sol ; mais ils n'ont pas été mis aussi complètement à découvert par les phénomènes géologiques qui ont façonné la surface. Leur influence est, d'ailleurs, contre-balancée par certaines dispositions excentriques. Le calcaire grossier des environs de Paris reparaît près de Rennes, de Mâchecoul et de Bordeaux, ce qui semble faire du bassin de la Gironde un appendice naturel de celui de la Seine. De plus, le grand plateau du terrain tertiaire moyen qui s'étend de la Beauce à la Bretagne et à la Gascogne, semble être une plate-forme naturelle jetée sur tous les accidents intérieurs du sol pour rendre plus faciles les communications du centre parisien avec l'est et le sud-ouest.

On voit donc que l'emplacement de Paris avait été préparé par la nature, et que son rôle politique n'est, pour ainsi dire, qu'une conséquence de sa position. Les principaux cours d'eau de la partie septentrionale de la France convergent vers la contrée qu'il occupe, d'une manière qui nous paraîtrait bizarre si elle nous était moins utile et si nous y étions moins habitués. Enfin la nature, prodigue pour cette même partie de la France, l'a dotée d'un sol fertile et d'excellents matériaux de construction. Environnée de contrées beaucoup moins favorisées, telles que la Champagne, la Sologne, le Perche, elle forme au milieu d'elles comme une oasis. L'instinct qui a dicté à nos ancêtres le nom d'*Ile-de-France*, pour la province dont Paris était la capitale, résume d'une manière assez heureuse les circonstances géologiques de sa position.

Ce n'est donc ni au hasard ni à un caprice de la fortune que Paris doit sa splendeur, et ceux qui se sont étonnés de ne pas trouver la capitale de la France à Bourges, ont montré qu'ils n'avaient étudié que d'une manière superficielle la structure de leur pays. Cette capitale n'a pris naissance et surtout n'a grandi, là où elle se trouve, que par l'effet de circonstances naturelles résultant, en principe, de la structure intérieure de notre sol. »

TERRAINS QUATERNAIRES — DILUVIUMS ET ALLUVIONS — GLACIERS

Trois grands faits ont signalé la période quaternaire : 1° les déluges de l'Europe ; 2° la période des glaciers ; 3° le déluge asiatique, dont la Bible nous a transmis le récit qu'elle avait recueilli de la tradition.

Les terrains quaternaires sont régulièrement stratifiés ; on les distingue des terrains tertiaires, parce qu'ils sont situés sur le littoral de la mer ou appartiennent à des mers aujourd'hui desséchées, et parce qu'ils ne renferment que des coquilles appartenant aux espèces actuelles.

Les côtes de la Sicile et une grande partie de cette île sont dues à la formation quaternaire ; elle y est composée de deux grandes assises : marnes bleuâtres et calcaires grossiers.

On retrouve cette formation à Malte, en Sardaigne, dans les pampas de l'Amérique du Sud, vastes plaines présentant à la surface une argile rouge qui surmonte des assises de marnes et de tufs, dans le Sahara et les steppes de la Russie.

La côte de Guyenne, en France, nous offre une longue bande de terrain quaternaire dû aux alluvions des fleuves ; les travertins de Naples et de Rome sont de la même période.

Diluviums de l'Europe. — A toutes les époques du globe, il s'est produit des déluges ou grandes débâcles d'énormes masses liquides ; chaque plissement de l'écorce doit nécessairement causer un déluge plus ou moins étendu. L'un des plus terribles a été celui qui suivit l'apparition de la grande chaîne des Alpes ; nous en retrouvons les traces dans les dépôts des vallées du Rhône et de la Durance. Toutes les montagnes, qui constituent le massif des Alpes, ne sont pas venues au jour à la même époque ; il en est résulté plusieurs déluges successifs, dont on reconnaît les traces dans les divers terrains de transport que l'on trouve étagés dans la vallée du Rhône.

Quelle est l'origine de ces masses d'eau ; est-ce une mer intérieure, qui s'est soulevée et déversée ; est-ce à la fonte des glaciers produite par les éruptions des montagnes qu'il faut les attribuer ? Nous n'en savons rien.

Avant le déluge des Alpes s'est produit au nord de l'Europe le grand déluge scandinave, qui a donné naissance au terrain meuble qui forme les plaines de l'Europe septentrionale.

Les traces du grand diluvium alpin sont très-nettes dans les grandes vallées d'érosion qu'il a formées, puis remplies de terrain de transport ; les assises de ces terrains se composent de limons argilo-sableux, renfermant un peu de calcaire et colorés en rouge par des oxydes de fer avec des quantités de cailloux roulés.

Les fossiles de cette époque sont des coquilles et des débris d'animaux semblables aux espèces actuelles. Ces débris se trouvent accumulés et, par suite, faciles à étudier, dans certaines cavités du sol où les courants se sont engouffrés et ont déposé tout ce qu'ils entraînaient ; ces cavités sont connues sous le nom de cavernes à ossements, elles sont peu importantes, en France ; on en trouve cependant dans l'Hérault, près de Lunel, dans les Cévennes, la Franche-Comté, etc.

Quelques personnes ont pensé que les ossements trouvés dans les cavernes appartiennent à des animaux qui se réfugiaient et mouraient là ; cette explication est admissible dans une certaine mesure, mais il y a une trop grande masse de débris accumulés pour que ce soit là la seule cause ; les courants ont amené la plus grande partie de ces fossiles ; d'ailleurs, leur passage est constaté par des stries qui recouvrent les parois primitives de la grotte.

Dans la suite des siècles, ces parois ont disparu sous les stalactites et les stalagmites, et il faut creuser le sol des grottes pour en extraire les ossements enfouis, qui appartiennent surtout aux carnassiers de l'époque (ours, hyène) et à quelques pachydermes (mammouth, rhinocéros).

Période glaciaire. — Pour une cause qui nous est encore inconnue, la vie si développée de la première époque quaternaire fut tout à coup comme anéantie, comme étouffée sous un manteau de glace, qui pendant longtemps recouvrit tout le nord de l'Europe. Les animaux y furent ensevelis, et nous verrons qu'on en a trouvé de parfaitement conservés au milieu des glaces polaires.

Il nous reste encore aujourd'hui des glaciers, de l'étude sommaire desquels nous déduirons d'une manière certaine l'existence de la période glaciaire.

Au-dessus d'une certaine altitude, variable suivant les pays et suivant les saisons, les montagnes sont recouvertes de neige ; la neige qui tombe sur ces hauteurs est à l'état de grains ou d'aiguilles fortement congelés, et dans une année il s'en forme des couches considérables.

Les rayons solaires fondent la surface, et les gouttes liquides pénètrent dans la masse où, en se congelant de nouveau, elles transforment la neige en glace ; les bulles d'air ne sont chassées qu'à la longue, et, pendant longtemps, on a ce qu'on appelle la glace bulleuse, ou névé. Le névé est formé d'assises correspondant chacune à une année et recouvertes d'une couche jaunâtre de sable et de poussière.

A mesure que les assises s'enfoncent, la pression qu'elles subissent augmente de plus en plus, les bulles d'air sont complétement chassées ; sous l'influence de la pression, le point de fusion de la glace s'abaisse, il y a abandon d'une petite quantité de chaleur latente qui produit un peu d'eau liquide. Cette eau sert à souder entre eux les divers morceaux de glace qui se réunissent en un seul, ainsi que l'ont prouvé les expériences de M. Tyndall : les couches opaques de névé se transforment en assises bleues de glace.

Tout cela forme une masse énorme d'eau congelée, qui occupe une vallée entière et constitue un glacier.

Un fait bien connu des montagnards et que les naturalistes ont vérifié, est la marche des glaciers qui entraînent avec eux du haut en bas de leur vallée des blocs énormes. On comprend sans peine qu'il est facile par des repères d'avoir la vitesse annuelle du glacier ; le glacier se conduit comme un véritable fleuve à faible courant, la vitesse augmente avec la profondeur, et le centre s'avance plus rapidement que les bords.

Le glacier de l'Unteraar, par exemple, avance de 102 mètres par an. Quelle est la cause de mouvement ? C'est le phénomène de regélation des morceaux entre eux, dont nous venons de parler plus haut ; le morceau supérieur tombe pour venir s'accoler au morceau inférieur ; de là naît un mouvement de progression. Sous la pression violente que supporte la glace du fond, il semble qu'elle épouse les profils de la vallée, et qu'elle possède une certaine malléabilité pour franchir les parties reserrées. C'est à l'époque des chaleurs nouvelles que la marche du glacier s'accélère le plus, et la vitesse augmente moins avec la pente de la vallée qu'avec la masse du glacier.

Dans le mouvement, il se produit aux divers points du glacier des tensions bien différentes, qui se manifestent par des crevasses; ainsi la force d'arrachement, qui se manifeste sur les bords, produit une série de crevasses rectilignes et parallèles inclinées vers l'amont; d'autres crevasses, traversant complétement le glacier, sont dues aux inégalités du fond, par suite desquelles de grandes masses se trouvent en porte à faux; les crevasses longitudinales sont dues à la même cause. Enfin, à l'extrémité inférieure du glacier, on remarque des crevasses rayonnantes dues à la pression de la masse entière. Le glacier est un mode de transport des plus puissants; il recueille à sa surface tous les blocs, pierrailles et boues détachées des rochers par les agents atmosphériques, et les transporte au loin pour les déposer en amas là où la glace vient à fondre.

Ces amas s'appellent moraines, elles sont latérales, médianes ou frontales. Les moraines latérales sont les retranchements qui se forment sur les rives du fleuve de glace, elles atteignent jusqu'à 30 mètres de hauteur. Au confluent de deux glaciers se produit une moraine médiane résultant du concours de deux moraines latérales; enfin, comme le glacier à mesure qu'il descend fond par sa tête qu'il renouvelle sans cesse, il se produit en avant de lui une digue de grandes dimensions, qui constitue la moraine frontale. Quand un glacier a disparu, les moraines n'en subsistent pas moins pour attester son existence.

Qu'un gros bloc soit charrié par le glacier, il arrive jusqu'au bas, et protége de son ombre la glace qui le soutient; celle-ci fond moins vite que la glace voisine, et le bloc reste suspendu sur un pilier en s'inclinant vers le sud comme s'il était attiré par le soleil. Peu à peu, toute la glace disparaît, le bloc tombe et constitue un bloc erratique, nouveau témoin de l'existence des glaciers.

Nous trouvons un troisième témoignage de cette existence dans les stries parallèles burinées sur les rochers par les pointes des cailloux, que les glaces entraînaient avec elles.

C'est en suivant ces traces des glaciers disparus, que l'on a pu dessiner la carte de la période glaciaire, pendant laquelle tout le nord de l'Europe était enseveli sous des glaces toujours en mouvement.

Déluge asiatique. — C'est celui que racontent les Livres saints; il est probable qu'il s'est produit lors de la naissance du mont Ararat. Cette naissance fut accompagnée d'éruptions volcaniques considérables, et composées surtout de matières gazeuses, de vapeurs d'eau qui retombèrent en pluies sur le sol; la trombe s'abattit sur toute la terre habitée, détruisant tout sur son passage.

Le déluge asiatique est le seul dont la tradition ait conservé le souvenir.

Fossiles du terrain quaternaire. — La faune de cette période ne diffère guère de la nôtre; nous nous contenterons de citer les animaux, qui, par quelque trait, se distinguent des animaux de nos jours.

Ces animaux sont le mammouth (*elephas primigenius*), le rhinocéros à narines cloisonnées (*rhinoceros tichorhynus*), l'ours des cavernes, l'hyène et le tigre des cavernes, le bœuf ancien (*bos primigenius*) et le cerf à grand bois.

Le mammouth est un éléphant de plus grande taille que les éléphants de nos jours; armé de longues défenses recourbées, il a le front concave, la tête allongée les jambes courtes, le corps revêtu de poils longs et serrés; avec une crinière flottante; tout cela le différencie de l'espèce actuelle, caractérisée par l'éléphant des Indes. Au moyen âge, les grands ossements du mammouth étonnèrent plus d'une fois les alchimistes et donnèrent lieu à bien des systèmes, que Cuvier réfuta;

il expliqua le premier la provenance de ces ossements si répandus et reconstruisit le mammouth. Plus tard on retrouva le corps tout entier d'un mammouth enseveli et parfaitement conservé dans les glaces de la Sibérie, et l'on put vérifier l'exactitude des théories de Cuvier.

Le rhinocéros tichorynus était aussi couvert de poils, il portait deux cornes sur le nez, et avait les narines séparées en deux par une cloison osseuse ; le rhinocéros des Indes n'a qu'une corne et pas de cloison ; en 1772, Pallas retira des glaces sibériennes le corps entier d'un rhinocéros ancien.

Citons encore l'ours des cavernes, plus grand et plus redoutable que notre ours brun, le tigre gigantesque deux fois long comme le tigre des Indes, le bœuf ancien semblable à l'auroch, mais d'une taille plus élevée et armé de cornes plus grandes, et le cerf à bois gigantesques (*cervus megaceros*).

De l'homme fossile. — De tous les animaux dont on retrouve les ossements dans les terrains quaternaires, le plus intéressant, sans contredit, c'est l'homme.

Jusqu'à ces derniers temps, la chronologie ne faisait remonter l'existence de l'homme que jusqu'à cinq ou six mille ans avant Jésus-Christ.

Depuis 25 ou 30 ans, l'étude et la recherche des fossiles, la paléontologie en un mot a été fondée; on s'est appliqué à reconnaître les divers fossiles des terrains de sédiment, et de cette étude est sortie la conviction que l'homme est antérieur non-seulement au déluge asiatique, mais encore aux déluges de l'Europe.

Qui le prouve? Une grande quantité de faits dont le nombre augmente tous les jours, et que l'on peut résumer en quelques lignes:

1° Au milieu des ossements du mammouth, du rhinocéros tichorhynus, de l'ours des cavernes et autres animaux contemporains, on trouve des ossements humains ensevelis dans la même gangue et déposés par la même cause.

2° Parmi les mêmes ossements on rencontre des produits nombreux et grossiers de l'industrie humaine : des ustensiles communs, des armes en silex, des haches, des dessins grossiers gravés sur l'ivoire et représentant le plus souvent le mammouth ; on trouve encore des débris d'os d'animaux qui ont été brisés par des instruments tranchants pour en extraire la moelle et jusqu'à l'emplacement des foyers marqué par des cendres.

Remarquez que ce ne sont point des faits isolés que l'on cite, les trouvailles de ce genre sont fort nombreuses dans le terrain quaternaire ; plus d'un savant incrédule a voulu tenter l'expérience pour son compte, et s'est vu forcé de se rallier à l'idée de l'ancienneté de l'homme.

On peut affirmer aujourd'hui que l'homme est au moins aussi vieux que le commencement de la période quaternaire.

Tableaux géologiques. — Ici se termine la description des terrains que nous avons résumée autant que possible sans omettre cependant les détails essentiels ; nous avons pensé qu'il serait utile de condenser cette description en quelques tableaux rappelant à la fois la succession des terrains, les roches et les minerais usuels qu'on y rencontre :

SUCCESSION DES TERRAINS AVEC LEURS ASSISES PRINCIPALES.

NOMS DES GROUPES DE TERRAINS GÉOLOGIQUES.	NOMS DES TERRAINS GÉOLOGIQUES.	NOMS DES DIVISIONS OU COUCHES PRINCIPALES.
TERRAIN ANCIEN OU CRISTALLIN.	Terrain ancien ou cristallin.	1° Gneiss. . . . . } Surmontant le granit 2° Micaschistes et talcschistes.
TERRAINS DE TRANSITION OU PALÆOZOIQUES.	Terrain silurien. . .	1° Dalles de Llandeilo (calcaires à ardoises grossières). 2° Grès rouge de Caradoc (oxyde de fer). 3° Calcaire argileux de Wenlock. 4° Calcaire d'Aymestry, entre deux masses d'ardoises.
	Terrain devonien. . .	1° Poudingues et grès quartzeux. 2° Calcaire noir de Givet. 3° Psammites du Condros (schistes et grès micacés).
	Terrain carbonifère..	1° Calcaire carbonifère. 2° Conglomérats, schistes et grès renfermant les couches de houille.
	Terrain permien. . .	1° Grès rouge (rothe todte liegende). 2° Schistes noirs cuivreux (kupferschiefer). 3° Calcaire noir mélangé de dolomies (zechstein).
TERRAINS SECONDAIRES.	Terrain triasique ou trias.	1° Grès vosgien (rouge). 2° Grès bigarré. 3° Calcaire coquiller, noir (muschelkalk). 4° Marnes irisées.
	TERRAIN JURASSIQUE. Lias.	1° Lias inférieur (grès quartzeux, calcaire argilifère). 2° Lias moyen (marnes et argiles à rognons calcaires). 3° Lias supérieur (marnes et calcaires argileux).
	OOLITHE. Oolithe inférieure .	1° Marnes sableuses ou malière. 2° Oolithe inférieure ferrugineuse (calcaire très-dur). 3° Oolithe blanche (calcaire très-dur). 4° Terre à foulon. 5° Grande oolithe (caillasse de Ranville, calcaire, dalle nacrée).
	Oolithe moyenne. .	1° Marnes gris bleuâtre (kelloway-rocks). 2° Marnes noires (argiles d'Oxford). 3° Calcaire corallien (coral rag).
	Oolithe supérieure.	1° Marnes à ostrea virgula. 2° Marnes à ammonites gigas (ciment de portland). 3° Calcaire vacuolaire. 4° Marnes bleues déposées en eau douce (Purbeck).

NOMS DES GROUPES DE TERRAINS GÉOLOGIQUES.		NOMS DES TERRAINS GÉOLOGIQUES.	NOMS DES DIVISIONS OU COUCHES PRINCIPALES.
TERRAINS SECONDAIRES. (Suite.)	TERRAIN CRÉTACÉ.	Terrain néocomien....	1° Argiles de Vassy (couches de marnes, minerais de fer). 2° Calcaire à Spatangues. 3° Argiles à plicatules (recouvertes d'un sable sans fossiles).
		Gault......	1° Gault ou argile noire de Folkestone.
		Craie chloritée..	1° Gaize (calcaire argilo-sableux). 2. Craie à turrilites ⎱ Craie chloritée ou parsemée 3° Craie de Rouen.. ⎰ de points verts. 4° Sables ou jalais de la Loire.
		Craie tuffau...	1° Craie à inoceramus labiatus. 2° Craie marneuse (calcaire de Bouré).
		Craie supérieure.	1° Craie blanche à micraster cor testudinarium. 2° Craie de Meudon (bancs de silex noirs). 3° Calcaire de Maëstricht. 4° Calcaire pisolithique.
TERRAINS TERTIAIRES.		Terrain éocène...	1° Argile plastique (sables et lignites du soissonnais). 2° Calcaire grossier. ⎰ Sables chorités.—Banc Saint-Jacques-Calcaire à miliolites. — Banc vert. — Banc de roche. — Liais. — Coillasses. 3° Sables siliceux (quelquefois cimentés par un calcaire). 4° Gypse (formé d'une alternance de marnes et de gypses).
		Terrain oligocène..	1° Marnes vertes et marnes à cyrènes. 2° Calcaires d'eau douce et meulières de la Ferté. 3° Sables et grès de Fontainebleau. 4° Meulière de Beauce et calcaire siliceux d'Orléans.
		Terrain miocène...	1° Sables argileux de la Sologne. 2° Calcaire d'eau douce et faluns de la Touraine.
		Terrain pliocène...	1° Marnes bleues d'Asti.— Faluns de Saubrègues. 2° Sables d'Asti. Sables de la Limagne et des Landes.
TERRAIN QUATERNAIRE.		Terrain quaternaire..	1° Marnes et tufs des pampas, de la Sicile. 2° Sables des pampas, du Sahara, des Steppes. 3° Terrains de transport des déluges d'Europe. 4° Terrains de transport de la période glaciaire. 5° Terrains de transport du déluge asiatique. 6° Alluvions actuelles.

DÉSIGNATION DES TERRAINS.	DÉSIGNATION DES MATÉRIAUX.
Terrain primitif.	Granite et roches granitoïdes. — Dans le granite : kaolin de la Garde-Freinet (Var). — Dans le gneiss : Graphite de Sainte-Marie-aux-Mines, Kaolin de Saint-Yrieix.
Terrain silurien.	Ardoises de Fumay, de Rimogne (Ardennes). — Ardoises d'Angers, de Napoléon-Vendée. — Marbres de Caunes, de Campan.
Terrain devonien.	Marbres de Flandre. — Marbre de Givet.
Terrain houiller.	Schistes bitumineux d'Autun. — Phosphate de chaux dans les schistes de l'Allier.
Terrain permien.	Gypse de Russie et de Thuringe.
Terrain du trias.	Gypse et Dolomie de Sarrebourg. — Gypse des montagnes de l'Esterel. — Gypse de Vic et Dieuze.
Terrain jurassique. . . .	Ciment romain de Pouilly. Chaux hydraulique de la vallée de la Meurthe. — Marbre de Montbard. — Marbre noir de Saint-Geniez. — Gypse de Digne et d'Allevard. — Chaux hydraulique de Pouilly. — Ciment romain de Vassy. — Meulière du Cher. — Chaux hydraulique de la porte de France à Grenoble. — Pierre lithographique du Vigan et de Châteauroux. — Marbre brocatelle de Bourgogne, marbre de Beauvais et de l'Argonne. — Pierre lithographique de Bavière. — Marbre de Purbeck.
Terrain crétacé.	Gypse et sables bitumineux de Bastennes (Landes). — Schistes bitumineux de l'Ardèche. — Craie chloritée de Rouen. — Calcaire corallien de Bergons. — Calcaire de Bouré. — Calcaire de l'Echaillon.
Terrain éocène.	Argile plastique. — Calcaire grossier et gypse du bassin de Paris.
Terrain miocène.	Chaux hydraulique du Tarn. — Gypse d'Aix. — Asphalte de Seyssel (Ain).
Terrain pliocène.	Dépôt de coquilles servant d'amendements.

PRINCIPAUX MINERAIS UTILES QUE L'ON RENCONTRE DANS LES TERRAINS
SOIT EN COUCHES, SOIT EN FILONS

DÉSIGNATION DES TERRAINS.	DÉSIGNATION DES MINERAIS.
Terrains anciens.	*Dans les granites :* cuivre et étain de Cornouailles; fer hydraté de Framont (Vosges); plomb et argent en Espagne, en Bretagne, à Pont-Gibaud etc... — Dans les gneiss : fer oxydulé de Danemora (Suède) ; cuivre, plomb et argent de Freyberg et de la Forêt-Noire; plomb du Grand-Clôt (Isère). — Dans les schistes : zinc de l'Isère, argent de Bohême, galène argentifère d'Espagne.
Terrains silurien et devonien.	*Minerais :* calamine et galène du Stolberg; calamine de la Vieille-Montagne, fer carbonaté et hématite brune du Canigou, fer oligiste de l'Estramadure. — Anthracites de l'Anjou, de la Sarthe et de la Mayenne. — Filons : Argent d'Huelgoat, mercure d'Almaden, cuivre natif d'Amérique, cuivre de Cornouailles, plomb, cuivre et argent du Hartz, plomb et argent de Poullaouen et d'Huelgoat.
Terrain houiller.	*Minerais :* Anthracite de Bully, paillettes d'or à la base du bassin houiller d'Alais, fer carbonaté de l'Angleterre, de Decazeville et de Miramont. — Houilles et Schistes. — Filons : Bitume du Bas-Rhin.
Terrain permien.	*Minerais :* grès cuivreux de Perm, sel gemme de Russie et de Thuringe. — Filons : fer hydraté de Framont, hématite brune de Wissembourg.
Terrain du trias.	*Minerais :* Fer carbonaté de Soultz, cuivre carbonaté de Chessy, plomb de Bleiberg, zinc et plomb de la Silésie, sel gemme de Vic et de Dieuze, houille sèche des Vosges. — Filons : plomb de l'Argentière, pyrites de fer d'Alais.
Terrain jurassique. . . .	*Minerais :* Houille de Virginie, phosphate de chaux du Calvados, lignites de Vassy, fer de Mondalazac et d'Hayange, pétrole de la porte de France, fer de la Voulte et de Privas, lignites de Criquebœuf, de Boulogne et de Purbeck.
Terrain crétacé.	*Minerais :* Rognons de soufre, fer de Belgique, d'Avesnes, de Saint-Dizier ; argiles réfractaires de l'Ardèche, marnes et phosphates de chaux. — Filons : Cuivre de la province d'Alger, lignites du mas d'Azil, fer oligiste de l'Ile d'Elbe.
Terrains tertiaires. . . .	*Minerais :* soufre de Sicile, sel gemme de Cardona, lignites du Soissonnais, asphaltes du Gard, fer de la Franche-Comté, sel gemme de Wieliczka, lignites de Cologne, de Lobsann etc..., fer des Landes et d'Italie, asphalte d'Haïti. — Filons : Hydrates d'oxyde de fer de la Moselle, houille de Toscane, cuivres de Ténès et de Mouzaïa (Algérie).

PRINCIPAUX MINERAIS UTILES QUE L'ON RENCONTRE DANS LES TERRAINS
SOIT EN COUCHES, SOIT EN FILONS.

DÉSIGNATION DES TERRAINS.	DÉSIGNATION DES MINERAIS.
Terrain quaternaire. . .	Fer phosphoreux de la Moselle et des Ardennes, pouzzolane, soufre, tourbe, or, argent et platine du Rhin, de l'Oural, de Bornéo.
Alluvions modernes.. . .	Or dans le Rhône, le Gardon, le Rhin en Alsace. Tangue et merl de Normandie et Bretagne. — Fer sulfureux et phosphoreux.— Tourbes de la Somme. — Pouzzolanes. — Soufre.

MODIFICATION ACTUELLE DES RIVAGES ET DES COURS D'EAU — ALLUVIONS —
DUNES — PLAGES — BARRES — DELTAS

Les cinq phénomènes énumérés ci-dessus sont dus à la même cause : la destruction incessante des roches par les eaux courantes qui entraînent avec elles les débris gros et petits pour les déposer plus ou moins loin suivant leur forme et leur poids. Ces dépôts constituent les alluvions qui tantôt viennent combler des marécages, exhausser des plaines basses et former alors ce qu'on appelle les terrains d'alluvion, tantôt forment des obstacles au cours même des eaux et constituent des plages, des barres et des deltas.

Alluvions. — Les fleuves semblent chargés de renouveler sans cesse la surface des continents, ils tendent à la niveler en écrêtant les montagnes et en exhaussant les vallées ; dans leur cours supérieur, les fleuves ont un lit à pente rapide et possèdent le régime torrentiel, ils entraînent tout sur leur passage, rochers et poussière, ils corrodent leurs rives et tendent à régulariser la pente de leur lit ; c'est là le cours supérieur : vient ensuite le cours moyen, dont la pente est moins forte, le fleuve ne brise plus les obstacles, il les contourne et suit les méandres des vallées, il n'entraîne plus avec lui que les graviers, les sables et les vases ; enfin l'on arrive au cours inférieur dont la pente diminue encore, en même temps que les mouvements de la mer viennent périodiquement lutter contre les eaux douces et s'opposer à leur marche en avant ; arrêtées, celles-ci déposent les sables et les vases, et, comme les eaux de la mer, en arrêtant le fleuve, ont vu leur propre vitesse s'anéantir, elles déposent aussi des masses énormes de particules solides.

Les alluvions fluviales se manifestent bien dans les lacs que traversent de grands fleuves ; tel est le Léman, traversé par le Rhône ; à l'amont, le Rhône en entrant perd de sa vitesse et dépose les matières qu'il entraîne, à la sortie du lac, il prend un accroissement de vitesse et écrète le seuil du déversoir par où il s'écoule ; ces deux phénomènes concourent au même effet, produire la régularisation de la pente du fond. A l'amont, le lac recule sans cesse devant le fleuve ainsi que le constatent l'expérience et l'histoire.

4

Les fleuves ne détruisent donc que pour reconstruire ; ils enlèvent des rochers grain à grain et du sable ainsi obtenu et vont former dans le cours inférieur des îles mouvantes. Ce qu'ils prennent à une rive convexe ils le rendent à la rive concave.

On est étonné quand on calcule la masse de sables, de vases et de limons que certains fleuves portent avec eux ; c'est à ces matières solides que le Nil et le Pô doivent de fournir des eaux si précieuses pour les irrigations. Chez nous, la rivière torrentielle de la Durance, dont la plus grande partie du débit passe dans les canaux d'irrigation, entraîne avec elle, suivant M. l'ingénieur Hervé-Mangon, 11 millions de mètres cubes ou 18 millions de tonnes de vase par année.

En hydraulique agricole, nous aurons lieu de traiter plus amplement ces questions.

Barres. — Les fleuves présentent à leur embouchure deux phénomènes bien différents : la barre ou le Delta, suivant qu'ils se déversent dans une mer dont les marées ont une amplitude considérable ou dans une mer comme la Méditerranée dont les eaux n'éprouvent qu'une faible oscillation.

La barre est une digue formée par les sables d'alluvions en avant de l'embouchure des fleuves, digue dont le plan est un arc de cercle à convexité tournée vers le large. La barre est mobile suivant la force respective des eaux douces et des eaux salées : en temps de crue, et en vive eau, lorsque la mer s'abaisse le plus, la pente des eaux du fleuve augmente, l'anéantissement de vitesse et par suite le dépôt de la barre se produit plus avant en mer ; mais lorsque la rivière est en étiage, et qu'une grande marée se produit, la barre est repoussée vers le fleuve.

La barre est formée en partie par les alluvions du fleuve ; mais la plus grande partie des sables qui la forment a été apportée par la mer ; l'analyse chimique, l'examen à la loupe des matières déposées l'ont prouvé. Les barres sont pour la navigation de graves obstacles ; nous verrons plus tard quels moyens on emploie pour les combattre.

Deltas. — Lorsqu'un fleuve s'épanche dans une mer sans marée, c'est toujours au même point que la vitesse de ses eaux se trouve annulée ; il se forme donc en ce point une digue fixe qui s'augmente sans cesse. Le fleuve, pour conserver sa pente naturelle, est forcé d'exhausser son lit à l'amont ; peu à peu la digue se transforme en île transversale, les eaux se divisent et passent de chaque côté en formant la figure représentée par le delta-grec.

Les deltas du Rhône et du Pô s'avancent en mer de 40 kilomètres, et celui du du Nil de 65 kilomètres.

Le Pô est un des fleuves qui refoulent la mer avec le plus d'énergie.

Ravenne, qui jadis ressemblait à Venise au milieu de ses lagunes, est aujourd'hui au milieu d'une plaine d'alluvions. En 2,000 années, le progrès annuel du delta a été de 17 mètres en moyenne ; le fleuve apporte annuellement plus de 42 millions de mètres cubes de limon, il n'en laisse guère en route parce que partout il est enserré dans des digues qui le forcent à prendre un courant rapide.

Le Rhône est très-actif aussi dans ses alluvions, qui avancent d'environ 16 mètres par année.

Plages. — Tous les promontoires exposés aux courants marins et aux vagues sont corrodés à leur base avec plus ou moins d'énergie, suivant la force des eaux et suivant la nature des roches. C'est ainsi que les falaises de la côte normande continuellement sapées par la base, s'éboulent de temps en temps et reculent dans les terres d'une quantité sensible qui atteint jusqu'à 0m,25 et 0m,30 par an.

Ces falaises à parois verticales sont précédées d'une plate-forme inclinée, comprise entre les niveaux de haute mer et de basse mer. Elles sont très-tendres et s'attaquent rapidement ; il se produit des éboulis considérables qui pourraient jouer le rôle de digue et protéger la falaise, s'il n'existait dans la Manche un courant parallèle au rivage qui entraîne le sable et les cailloux pour en faire des galets. Lorsque ces courants inclinés sur les rivages rencontrent une plage basse, ils ne la respectent point davantage et lui enlèvent des masses considérables de sable ; c'est pour cela que les plages du Hanovre et de la Hollande semblent graduellement s'affaisser.

Une plage de sable comprise entre deux promontoires, qui terminent deux chaînes de montagnes, affecte en général une courbure régulière ; elle a la forme d'un arc concave vers la mer.

Que deviennent tous ces matériaux arrachés aux côtes ? Ils se reportent en d'autres points du littoral, là où les courants ne se font point sentir et viennent produire dans les golfes des bancs de sable et de galets. Les courants inclinés sur le rivage semblent chasser les promontoires devant eux ; en effet, ils en corrodent la pointe et déposent les débris un peu plus loin, dans le golfe qui suit, là se reforme la nouvelle pointe du promontoire qui marche ainsi dans le sens du courant.

D'autres fois, les courants chargés de galets sont heurtés par un autre courant, par exemple celui qu'on trouve à l'embouchure des fleuves ; les galets se déposent et forment une jetée qui prolonge le rivage. Quelquefois il arrive qu'une île est ainsi réunie à la terre. Les quantités de galets entraînés sont souvent considérables ; il en arrive par an 14,000 mètres cubes au Havre, 5,000 à Fécamp, 30,000 à Dieppe ; ces galets sont enlevés pour servir au lestage des navires.

Pour terminer ce que nous avons à dire des plages, examinons leur profil transversal ; lorsqu'il n'y a point de courant littoral, les vagues viennent frapper normalement le rivage. Chacune d'elles remue, souvent avec grand fracas, la masse de galets et de sables, et les entraîne pêle-mêle ; elle s'arrête enfin et revient sur elle-même en partant d'une vitesse nulle, par suite elle ne ramène au loin que les sables et les vases, et laisse les galets se déposer presque immédiatement ; les plus gros restent les premiers et marquent la limite extrême des lames, ils sont au sommet d'un talus assez raide qui limite le bourrelet de cailloux ; vient ensuite la plage sableuse faiblement inclinée.

Dunes. — Les dunes sont des montagnes de sables que les vents accumulent dans les contrées où s'étendent de vastes plaines sableuses, tels que le Sahara et les autres grands déserts de l'Asie et de l'Afrique. En France, on les trouve particulièrement au-dessus des plages sableuses de l'Océan, sur la côte du golfe de Gascogne. C'est là qu'à la fin du siècle dernier Brémontier les a étudiées et est arrivé à arrêter leurs progrès funestes, en trouvant le moyen de les recouvrir d'une végétation puissante. Pour expliquer la formation des dunes, nous ne pouvons mieux faire que de présenter ici quelques extraits du mémoire de cet éminent ingénieur.

« Les dunes sont des montagnes ou monticules de sables que la mer rejette et que l'on trouve presque partout sur ses bords.

Ces sables, de différentes natures, tiennent nécessairement de celle des diverses matières dont ils sont formés.

On en trouve qui sont purement calcaires sur quelques côtes de Normandie ; ils sont mélangés sur celles de Bretagne et de Saintonge, et généralement quartzeux entre l'embouchure de la Gironde et celle de l'Adour.

Les dunes de cette dernière partie du golfe de Gascogne embrassent un espace de 75 lieues carrées ou de 300 milles de superficie.

Cette immense surface, qui pourrait être comparée à celle d'une mer en fureur, dont les flots élevés seraient subitement fixés dans le fort d'une tempête, n'offre aux yeux qu'une blancheur qui les blesse, une perspective monotone, un terrain montueux et nu, et enfin un désert effrayant.

C'est de cette dernière partie surtout qu'il sera dorénavant question dans ce mémoire.

Ces dunes sont plus ou moins élevées et plus ou moins avancées dans les terres, suivant les circonstances qui ont concouru à leur formation et qui en ont retardé ou accéléré la marche, telles que la violence et la direction des vents, la pente plus ou moins rapide du lit de la mer, du rivage et du terrain qu'elles ont envahi, et les différents obstacles qu'elles rencontrent.

La largeur de l'espace qu'elles occupent n'est quelquefois que d'un mille, et quelquefois de 4 ou 5 et plus ; et leur hauteur, réduite quelquefois à 12 pieds, est le plus souvent de 60, de 150 et même davantage.

Elles ne couvrent pas toujours cette vaste étendue : tantôt isolées ou contiguës, tantôt les unes sur les autres, elles sont encore divisées par chaînes, entre lesquelles il se trouve des vallons peu larges, d'une longueur souvent de plusieurs milles sans interruption.

Les dunes restent rarement dans le même état : leur sommet s'élève ou s'abaisse ; elles se réunissent ou se séparent ; de nouveaux vallons se forment et d'autres se remplissent ; et tous ces changements ou ce désordre sont l'effet des vents dont elles semblent le jouet.

Toute cette masse énorme marche tout à la fois et elle enterre insensiblement des champs cultivés, des établissements précieux, des villages, des clochers, des forêts entières, et enfin tout ce qui se trouve à sa rencontre, mais sans rien détruire, et pour ainsi dire, sans rien offenser ; les feuilles mêmes des arbres changent à peine de position, et leur sommet est encore quelquefois vert au moment où ils sont sur le point de disparaître.

Cet effet, qui doit sembler extraordinaire, est cependant très-naturel. Si l'on faisait tomber par un trou du sablier, dont on se sert pour mesurer le temps, du sable aussi fin que celui des dunes, sur les plantes même les plus délicates et jusqu'à ce qu'elles en fussent surmontées, elles n'en seraient pas sensiblement endommagées ; le sable ne se tasse presque point, et tombant pour ainsi dire grain à grain sur ces plantes, chacune de leurs parties serait soutenue au moment où elle serait sur le point d'en être recouverte.

C'est à peu près de cette manière que les dunes encombrent tout ce qui se trouve sur leur chemin.

Comme ces montagnes ne font que passer, on voit reparaître successivement sur le terrain qu'elles abandonnent, tout ce qu'elles y avaient enseveli ; mais les plantes et les bois tombent en pourriture dès qu'ils commencent à recevoir les impressions de l'air, et l'on ne trouve d'intact ou de bien conservé que les murs des maisons ou de quelques édifices, quand, toutefois, avant leur submersion, on ne les a pas démolis ainsi qu'il est d'usage.

Comme encore les vents sont l'unique mobile de ces sables, comme ce mobile agit irrégulièrement et inégalement en tous sens, il doit produire des irrégularités dans la composition des dunes, dans leur forme et dans leur marche.

Chacun des grains de sable dont elles sont composées, n'est pas assez gros pour résister aux vents d'une certaine force, ni assez petit pour être enlevé comme de la poussière, ils ne font que rouler sur la surface dont ils sont arrachés, s'élèvent rarement à plus de 3 ou 4 pouces de hauteur, vont souvent avec une très-grande vitesse, et retombent par leur propre poids lorsqu'ils sont à l'abri du vent, ce qui arrive toujours quand ils ont surpassé le sommet de la montagne.

Ainsi, chacun de ces mêmes grains occupe alternativement le centre de la dune, et ils passent tous successivement de la base au sommet, et du sommet à la base.

Il arrive cependant assez souvent, et surtout après les temps de sécheresse, que cette espèce d'ordre dans le mouvement de ces sables est dérangée par les vents d'ouragan et de tempête, qui en enlèvent et transportent au loin des masses considérables à la fois, et c'est à ces sortes d'accidents que l'on doit la formation de ces monticules isolés qui s'étendent toujours en avant et vont désoler le pays et couvrir les campagnes.

A mesure qu'une dune avance, elle perd dans sa marche toujours quelque chose de son volume, dont elle laisse nécessairement des parties dans les cavités et les inégalités du sol qu'elle parcourt ; et elle deviendrait insensiblement à rien si elle n'était pas entretenue et fortifiée par de nouvelles matières produites par la même cause et provenant de la même source.

La vitesse de la marche des dunes doit être en raison inverse de leur volume, c'est-à-dire que lorsqu'il est peu considérable, elles doivent avancer plus vite et réciproquement.

Les dunes du centre sont ordinairement les plus élevées : ce sont de véritables chaînes de montagnes, toujours susceptibles d'être accrues par les autres montagnes moins fortes qui les suivent.

Il est généralement reconnu et démontré, même par les 'progrès des dunes dans les terres, que les vents, dans la partie de l'ouest, soufflent ou plus longtemps ou avec plus de force sur nos côtes, que ceux qui viennent de la partie de l'est, car si, à cet égard, leur activité était égale, ces sables nécessairement n'occuperaient qu'un espace circonscrit, et seraient alternativement poussés et repoussés, soit du côté des terres, soit du côté de la mer. On peut donc mettre en principe que les vents de l'ouest règnent sur nos côtes.

La pente d'une dune, exposée aux vents régnants, est toujours moins rapide que celle du côté opposé ; la raison en est toute simple. Lorsque les sables mus sont parvenus au delà du sommet, ils se trouvent abrités et retombent. Ce dernier talus est le plus ordinairement de 50 à 60 degrés, c'est-à-dire à terre coulante et le premier de 10 à 25. Cette règle générale est sans doute dérangée lorsque les vents de la partie de l'est ont accidentellement une certaine durée.

Tous ces sables sont sortis de la mer et continueront de s'en échapper tant que ces vents seront les mêmes. On doit donc présumer que les dunes augmenteront journellement ou d'étendue ou de volume, et que si cette cause ne cessait pas, elles acquerraient par la suite une hauteur aussi considérable que celle de nos plus hautes montagnes ; et l'on ne peut révoquer en doute que le riche territoire des environs de Bordeaux, ne puisse être couvert un jour de 300 ou 400 pieds de sable.

Suivant plusieurs remarques qui ont été faites, l'avancement vers l'est de la masse générale de ces sables est d'environ 10 toises par an. Cette ville est précisément à l'est des dunes ; elle n'en est aujourd'hui éloignée que de 20 milles ; d'où l'on peut conclure que dans à peu près vingt siècles, elle aura éprouvé ou sera sur le point de subir le même sort que les vastes bois de pins de Saint-Julien-de-Lit, de Lacanau et de la Teste ; celui enfin des bourgs de Vieux-Soulac et de l'ancienne commune de Mimizan, qui ont autrefois existé sur nos côtes.

Ce terme est trop éloigné sans doute pour qu'on puisse prendre quelque inquiétude sur le sort de cette superbe ville ; mais le bourg de la Teste, plusieurs autres bourgs et un grand nombre de villages qui ne sont pas éloignés des dunes, ne peuvent pas exister plus d'un siècle et dans dix années, au plus tard, le clocher de la Nouvelle-Mimizan sera indubitablement enseveli sous les sables.

Les dunes, en s'avançant dans les terres, non-seulement ensevelissent des établissements précieux et des champs en valeur, mais elles obstruent encore de temps en temps les canaux par lesquels les eaux des rivières et des ruisseaux se rendent à la mer.

Ces eaux, alors sans débouché, refluent dans les terres, inondent et désolent les campagnes, jusqu'à ce qu'elles aient pu, par cette force active et continuelle avec laquelle elles luttent sans cesse contre tout obstacle, s'ouvrir d'elles-mêmes un nouveau passage ; effet assez extraordinaire, et que l'on accélère, autant qu'il est possible à force de bras, mais il est arrivé quelquefois que ces passages se sont fermés tout à fait et c'est ce qui a occasionné la formation de ces lacs et de ces marais immenses qui occupent un terrain si vaste derrière ces dunes, depuis la pointe de Grave jusqu'à Saint-Julien-de-Lit. Elles n'ont aujourd'hui d'issue sur une longueur de 60,000 toises, que le bassin d'Arcachon et le boucaut de Mimizan.

Il paraît assez constaté qu'elles avaient autrefois plusieurs autres débouchés et si l'on en croit les habitants du pays, il n'y a pas plus de deux ou trois cents ans que le bassin de Lacanau se déchargeait dans la mer par un canal qu'ils nomment encore le *chenal d'Anchise*, on ne sait pour quelle raison.

Ces débouchés sont plus multipliés entre le chenal de Lit et l'embouchure de l'Adour.

Les dunes restent quelquefois toute une année sans faire de progrès, ou du moins des progrès bien sensibles, mais un fort coup de vent d'ouest répare très-promptement le temps qu'elles semblaient avoir perdu pendant cet intervalle. J'ai vu une montagne avancer de plus de 2 pieds pendant l'espace de trois heures, malgré une pluie assez forte qui devait naturellement en retarder la marche.

C'est dans ces moments de tempête que les dunes sont véritablement intéressantes et dignes de toute l'attention de l'observateur. Des brouillards de sable couvrent absolument leur surface ; les premières couches (celles qui reçoivent immédiatement les impressions de l'air) sont d'abord enlevées, les autres au contraire, en repos depuis plusieurs années, déjà dans une espèce de concrétion (car la nature travaille sans cesse à se réparer), ont acquis une certaine dureté, et opposent une assez forte résistance pour se défendre pendant quelque temps et comme les parties qui les composent ne résistent pas également, comme encore l'action qui tend à leur désunion est elle-même inégale, toute la nouvelle surface de ces sables se trouve remplie d'un nombre infini de trous et hérissée d'une quantité non moins considérable de buttes, toutes de différentes formes.

D'autres accidents ajoutent encore à cette espèce de désordre : des morceaux de bois pourris, des feuilles de goëmon, un brin d'herbe, enfin, y produisent des effets aussi singuliers que bizarres, qu'il serait presque impossible de se figurer si on ne les avait exactement suivis, et qu'on n'eût pas bien étudié les causes qui les ont produits.

Une grande partie de ces buttes ont à leur sommet un corps ou plus tenace, ou plus pesant, qui, s'il ne l'empêche pas tout à fait, retarde au moins de quelques moments leur destruction.

Toutes ces couches ont des couleurs particulières, d'une teinte plus ou moins foncée, qu'elles paraissent tenir des diverses substances répandues dans l'atmosphère dont elles s'emparent. Elles n'ont généralement que quelques lignes d'épaisseur, sont très-marquées, et aussi faciles à distinguer que celles de nos anciennes terres. Le fer y paraît dominer.

Les fortes pluies occasionnent encore dans les dunes des changements assez sensibles, et mettent dans leurs couches une confusion d'un autre genre.

Il se forme dans les forts talus (ceux à terre coulante) une grande quantité de petits ravins, presque aussitôt remplis que creusés, et l'on en voit descendre des plaques de plusieurs pieds de largeur, et quelquefois de plusieurs toises de hauteur.

L'effet ordinaire de ces pluies est d'arrondir les sommets de ces montagnes et d'augmenter la largeur de leurs bases.

Les vallons qui se trouvent entre les dunes changent de place comme ces montagnes. Leur sol, successivement couvert et découvert, ne produit que quelques espèces de gramen dont les jets traçants et genouillés s'échappent par rayons, forment à chaque nœud de nouvelles racines et de nouvelles plantes qui, par la facilité qu'elles ont de s'étendre et de se propager en tous sens, remplissent en peu de temps le terrain qu'elles peuvent parcourir, et gagnent de vitesse les autres sables qui les poursuivent. Les autres plantes n'ayant pas les mêmes moyens, n'ont pas le temps de s'y reproduire ; et c'est par cette raison qu'elles y sont en très-petite quantité.

Après avoir fait la description des dunes, et les avoir suivies dans leur marche, dans leur accroissement et dans leurs effets, nous ne devons pas négliger de parler de quelques dangers auxquels on est exposé en les parcourant, et d'indiquer ce qu'il convient de faire pour les éviter.

Il se forme, au pied de ces montagnes, après des pluies abondantes et d'une certaine durée, de petits lacs ou amas d'eau, quelquefois de plusieurs pieds de profondeur. Nous avons vu que les vents violents enlevaient des parties de sable en les arrachant de la masse pour les transporter au loin. Ces sables retombent en pluie sur la surface de ces lacs ordinairement tranquilles et bien abrités, descendent sans frottement et sans aucun mouvement forcé, restent pour ainsi dire en équilibre au milieu des eaux, et y forment une infinité de petites voûtes ; ces voûtes en soutiennent d'autres ; celle-ci, d'autres encore, et ainsi de suite ; ces dernières s'élèvent souvent à plusieurs pieds au-dessus des eaux. La partie supérieure de ces sables étant alors blanche et sèche, le piège bien recouvert est parfaitement voilé.

Celui qui marche sur cette surface met le désordre dans l'édifice ; toutes les voûtes s'écroulent, et il s'enterre quelquefois jusqu'aux reins ; mais la frayeur est presque toujours plus grande que le danger. En supposant même qu'il fût possible de s'y enfoncer jusqu'au cou, il serait aisé de s'en tirer, en observant pourtant de ne pas faire d'efforts, ni de trop précipiter ses mouvements, car on pourrait par là contribuer à sa perte. L'équilibre de ces sables dérangé, ils se tassent d'eux-mêmes, et il ne faut que donner le temps à ce tassement de s'opérer. Lorsqu'il est fait, on lève une jambe et on reste quelques instants sans mouvement. Un nouveau tassement se fait sous le pied levé ; et le fond devient plus solide. On lève l'autre jambe avec les mêmes précautions, ainsi successivement. et on se trouve peu à peu au-dessus. Alors l'eau qui remplissait le vide de toutes ces voûtes remonte à la surface et forme une mare de 3 ou 4 pouces de profondeur plus ou moins, dans laquelle on peut marcher en toute assurance. Les vaches, les chiens et les autres animaux qui fréquentent souvent les dunes, et qui par hasard tombent dans ces blouses (c'est ainsi qu'on nomme ces sortes de gouffres), soit par instinct ou par expérience, emploient ce moyen méthodique pour en sortir, toutefois lorsqu'ils n'y sont pas trop profondément engagés et qu'ils conservent au moins la liberté du mouvement des jointures des épaules, autrement ils n'en sortiraient jamais sans secours. »

Causes qui concourent à la formation des dunes. — Quelques naturalistes ont prétendu que les matières qui composent les dunes ne proviennent que des dépôts charriés dans la mer par les eaux des rivières ou des ruisseaux qui s'y réunissent, et que ces matières, rejetées par les flots, en sont le seul aliment.

On ne peut nier que cette faible cause ne soit entrée pour quelque chose dans la formation et l'accroissement de ces sables ; mais il sera aisé de se convaincre de son insuffisance, en jetant un coup d'œil sur la prodigieuse quantité de ceux qui se trouvent entre l'embouchure de la Gironde et celle de l'Adour, et en la comparant avec le vide des vallons creusés par ces deux fleuves, ou par les ruisseaux ou rivières qu'ils reçoivent. Les dunes embrassent une étendue de 120,000 toises de longueur sur au moins 2,500 toises de largeur, et sur une hauteur réduite que l'on croit pouvoir porter, sans erreur, à 54 pieds ou 9 toises. Leur cube total, d'après ces dimensions, doit être actuellement de 2,700,000,000 toises. Si l'on considère maintenant que ces sables sont des corps très-distincts, entiers, non décomposés, anguleux, qui n'éprouvent que peu ou point de fermentation avec les acides, et qui ne sont généralement que des débris ou parties de quartz ; que dans la coupe de ces vallons, au contraire, on ne trouve que des argiles, des glaises, des terres calcaires et végétales ; que les vides faits par les eaux étaient indubitablement remplis de terre de même nature ; que les dépôts de la Gironde et de l'Adour, les deux rivières principales, les seules, pour ainsi dire, qui auraient dû fournir cette énorme masse, sont généralement calcaires, glaiseux et productifs, on jugera que celle dont ces sables ont été extraits a dû être peut-être dix mille fois plus forte que le cube tout entier des dunes, et que, dans la supposition même où il n'en serait que la millième partie, ce qui est évidemment au-dessous du vrai, celui du vide dont ils auraient été extraits devra t être de 2,700,000,000,000 de toises, et formerait une suite de vallons de 84,375 lieues de longueur, sur 96 pieds de profondeur, et de 1,000 toises de largeur réduite.

D'ailleurs, pour prouver que les rivières ne sont pas l'aliment unique de ces sables, transportons-nous un moment sur les bords de la mer ; parcourons la côte d'Espagne, depuis le cap d'Ortegal jusqu'à Fontarabie et Bayonne, et celles de France, depuis Ouessant jusqu'à Oléron et Royan, nous y trouverons toutes les matières dont les dunes sont formées ; nous y verrons des plages chargées de gravier, des lits de pierre et de terre plus ou moins saillants, plus ou moins excavés, suivant l'adhérence des matières entre elles, et la résistance de leurs parties ; des grottes profondes dans des montagnes coupées à pic et tombant en ruine, des morceaux de roches énormes et de pierres de toute espèce irrégulièrement entassés et nouvellement éboulés ; des ouvrages élevés avec toutes les précautions et toute la solidité dont l'art est susceptible, s'altérer au bout de quelque temps, et éprouver, dans un court intervalle, des dégradations assez sensibles pour n'y plus reconnaître, qu'à peine, la main de l'ouvrier, et les traces de l'art qui les avait élevés.

Ces rochers et ces terres sont continuellement battus, soulevés, froissés les uns contre les autres, et roulés et entraînés par le mouvement constant et toujours actif des eaux de la mer vers le fond du golfe de Gascogne : les quartz, les cailloux, les graviers, en se détruisant eux-mêmes, minent insensiblement et à la longue les masses les plus fortes et les rochers les plus durs. Tous ces débris enfin se décomposent, se broient et s'atténuent sur la plage, jusqu'à ce qu'assez réduits, et pour ainsi dire pulvérisés, ils puissent être enlevés par les vents, jouer un nouveau rôle dans la nature, et y reparaître sous une nouvelle forme.

Moyens qui peuvent être employés pour la fixation des dunes. — Les dévastations occasionnées par les progrès des dunes qui se trouvent dans le golfe de Gascogne, plutôt que les avantages qui pourraient résulter de leur fertilisation, ont seules jusqu'à ce moment excité quelques particuliers, qui y étaient exposés, à tenter divers moyens pour s'en garantir. Les uns, bien convaincus peut-être d'une vérité incontestable, qu'il était inutile de rien entreprendre pour la fixation de ces sables, si l'on n'attaquait d'abord les parties les plus à proximité de la mer, ont jeté au hasard sur ses bords des graines de pin et de gramen, et les ont ensuite abandonnées à elles-mêmes, en confiant leur accroissement à la seule et simple nature.

Mais la plupart de ces graines, en butte à la fureur des vents ou recouvertes par les sables, ont presque toujours été ou déracinées ou ensevelies ; et celles qui ont échappé à ces deux causes de destruction n'ont produit que des plants isolés et qui trop épars pour se défendre réciproquement, languissent pendant plusieurs années et finissent par périr. D'autres sont quelquefois parvenus à arrêter pour quelque temps ces monticules vagabonds échappés à la masse dont nous avons fait mention.

Il faut donc indispensablement, pour garantir tous les établissements menacés de l'invasion par les dunes, non-seulement qu'elles soient entièrement fixées sur toute leur longueur, et depuis leur extrémité du côté des terres jusqu'à leur origine sur les bords de la mer, mais encore se rendre maître des sables préparés et rejetés par cet élément. Ce grand travail, qui doit embrasser une étendue au moins de 350 milles, ou de plus de 75 lieues carrées, ne peut être entrepris que par le gouvernement ; les dépenses que son exécution nécessite sont sans contredit au-dessus des facultés et des forces réunies de tous les propriétaires riverains ; et il faut de plus aux moyens naturels joindre nécessairement les secours de l'art.

Nous sommes intimement convaincu que la fixation absolue et la fertilisation de ces sables ne doivent être ni dispendieuses (en comparant toutefois les dépenses avec les avantages, car on ne pourrait ensemencer une aussi grande quantité de terrain, quelque fertile qu'il fût, sans des frais proportionnés à son étendue), ni difficiles en prenant les précautions nécessaires, et en suivant exactement dans la conduite de cet ouvrage, l'ordre indispensable pour en assurer le succès.

Le premier objet dont il paraît qu'on doive s'occuper, quoiqu'il ne soit peut-être pas précisément essentiel, mais que l'on regarde comme infiniment utile, c'est d'empêcher ces sables de s'échapper de la plage, et de prévenir les dégâts qu'ils pourraient faire dans de jeunes plants sortant de terre, jusqu'à ce qu'ils eussent acquis assez de hauteur pour s'en défendre par leur propre force ; ce qui arriverait toujours après la quatrième ou cinquième année. La quantité de ces sables n'étant que de 5 toises 2 pieds cubes par an et par toise courante, il est bien certain que cette petite quantité régalée sur une surface un peu étendue, ne peut que chausser les pieds des jeunes arbres sans leur nuire. On peut remplir parfaitement ce premier objet de deux manières : la première, et en même temps la moins coûteuse et la plus simple, consistera dans la construction d'un cordon de fascines de 4 ou 5 pieds de hauteur, établi parallèlement à 20 ou 25 toises au delà de la laisse des vives eaux. Ce cordon arrêtera les sables ; et si, ce qu'on ne présume pas, il en était surmonté après deux ou trois ans, il pourrait être aisément exhaussé par un nouveau cordon de pareille hauteur, et même par un troisième s'il devenait nécessaire.

Par la seconde manière on suppléerait à ce cordon au moyen d'un fossé de 12 pieds de largeur sur 6 de profondeur, qui recevrait les sables échappés de la plage jusqu'à ce qu'il fût comblé. Les terres qui en proviendraient opposeraient encore une digue qui retarderait leur évasion ; mais il faudrait pour cela qu'elles eussent assez de consistance pour résister à toute la violence des vents à laquelle elles seraient exposées ; ce fossé, qui serait très-avantageux sans doute, ne pourrait être exécuté généralement partout.

Il se trouve le plus ordinairement, entre le pied des dunes et la laisse des hautes marées, un espace quelquefois de 100 toises, et même souvent plus considérable, dont la surface est plane et presque de niveau, et sur laquelle les sables sortant de la mer glissent, sans s'arrêter, jusqu'à ces montagnes. C'est cette partie qu'il est absolument indispensable de fixer par des semis. Tout travail dans le milieu des dunes ou à leur extrémité du côté des terres, serait tôt ou tard détruit ou mutilé.

Du succès de cette première plantation doit dépendre celui de l'entreprise ; lorsqu'on en sera venu à bout, il ne restera, je crois, aucun doute sur la fixation absolue de cet énorme espace de sable.

On propose donc de semer toute cette partie plane et presque de niveau en graine de pins et de genêt ordinaire et épineux, qui y pousseraient d'autant plus vite, et dont la végétation y serait d'autant plus prompte que ce terrain leur est très-favorable. On ne doit donc pas craindre que cette graine soit ensevelie dans les sables et qu'elle ne puisse germer, surtout si on emploie le moyen des cordons pour en protéger la pousse pendant les trois ou quatre premières années. On sait que ce temps est plus que suffisant pour que les graines surtout semées dans un terrain de cette espèce en quantité assez abondante, forment un fourré impénétrable de deux à trois pieds au moins de hauteur; alors notre principal objet sera rempli.

Les nouveaux sables qui sortiront annuellement de la mer, en trop petite quantité pour leur nuire et les surmonter, seront retenues par ces plantations, s'accumuleront à la longue, formeront une nouvelle dune contenue sur ses bords, qui protégera le terrain et les plantations qui se trouveront après elle, non-seulement contre les vents, mais encore contre les efforts de la mer, qu'elle tendra à retenir dans son lit, et dont elle diminuera les progrès sur nos côtes.

Cet effet paraît naturel : la dune fixée sera sapée par sa base, les sables éboulés retomberont alternativement sur la plage et seront reportés au dehors. Cette lutte continuelle, cette opposition renaissante, doit produire un ralentissement d'autant plus sensible dans les irruptions des eaux, que, par la nature quartzeuse de ces sables et leur petitesse, ils résisteront plus longtemps et ne seront pas susceptibles d'être aussi promptement décomposés.

Cette partie ensemencée, depuis le cordon jusqu'au pied des dunes, on doit en regarder la fixation entière comme absolument assurée. On pourrait ensuite, à la rigueur, abandonner tout le reste à la nature, et s'en rapporter à ses soins, lorsqu'on aura levé les obstacles qui s'opposent en ce moment à cette fixation. Les vents nuisibles, ceux, enfin, qui bouleversent et font mouvoir ces montagnes, viennent de la partie de l'ouest, c'est-à-dire du côté de la mer ; cette bande ou cette lisière plantée en pins, abritera l'espace qui se trouve en avant ; cet espace sera bientôt lui-même couvert par de jeunes plants qui, à leur tour, en protégeront un autre, et ainsi de suite jusqu'à l'extrémité des dunes. Nulle espèce de terrain n'est plus propre à la production des pins que ces sables ; cet arbre s'y reproduit avec une facilité extrême, et les ailes dont ses graines sont armées les portent au loin, quoique sans confusion, en très-grande abondance.

Il ne faut pas cependant se dissimuler que ce travail de la nature serait très-long, et ne pourrait guère être entièrement opéré que dans au moins deux siècles, tandis qu'il peut être accéléré sans peine.

Pour y parvenir plus sûrement et en voir promptement la fin, lorsque ces premiers semis auront été exécutés, et que ces jeunes plants auront acquis une certaine vigueur, c'est-à-dire au bout de cinq ou six années, les plantations doivent être étendues vers les terres et conduites jusqu'au sommet des montagnes.

Cartes géologiques ; coupes. — Pour dresser la carte géologique d'une région, il faut parcourir la région tout entière et reconnaître en chaque point le terrain, que l'on trouve immédiatement au-dessous de la couche arable. Les résultats sont rapportés ensuite sur une carte géographique ; on trace les lignes de passage d'un terrain à l'autre, et on recouvre la surface occupée par chaque terrain d'une teinte particulière. On conçoit bien quels services peut rendre une pareille carte bien faite ; elle est utile à tous, au savant, à l'ingénieur, au constructeur, au mineur et à l'agriculteur. Elle dirige les recherches du savant ; elle indique à l'ingénieur chargé d'une route ou d'un chemin de fer les difficultés d'exécution qu'il rencontrera, et elle lui permet presque d'évaluer la dépense ; au mineur elle permet de reconnaître s'il y a quelque chance de rencontrer dans un pays déterminé tel ou tel minerai, telle ou telle roche ; à l'agriculteur elle permet de déduire de l'aspect géologique la nature de la végétation d'un pays. Il est donc du plus haut intérêt d'obtenir des cartes géologiques aussi détaillées que possible ; la carte générale de France a été dressée par MM. Dufresnoy et Élie de Beaumont, tous les jours on la retouche et on la rectifie.

S'il est utile de connaître en plan l'aspect géologique du pays, il sera bien précieux aussi d'avoir les profils que présente le sol, quand on le coupe par des plans verticaux, ce que l'on appelle les coupes géologiques. Elles permettent de suivre dans les entrailles de la terre les diverses formations, d'étudier leur inclinaison, leur position relative, et d'en déduire des résultats importants pour l'industrie et pour la science. Ces coupes géologiques on les obtient en vraie grandeur sur les falaises ; les puits de toutes espèces, particulièrement les puits artésiens, les grandes lignes de chemins de fer fournissent en quantité des coupes qu'il serait bon de recueillir et de coordonner. Cette opération a été faite pour la ligne de Paris à Rennes par MM. les ingénieurs Millé et Toré ; nous empruntons à leur publication les deux coupes représentées par les figures 1 et 2, planche II.

Nous signalerons une nouvelle carte géologique, donnant à la fois la constitution du sol et du sous-sol, carte imaginée par M. l'ingénieur Delesse ; dans chaque terrain, on fait choix d'une couche caractéristique, facile à reconnaître, et de la position de laquelle on peut déduire celle des autres assises du même terrain. Les terrains sont donc représentés par un certain nombre de couches ; dans chaque puits, dans chaque carrière, on reconnaît ces couches et on en prend la cote au-dessous d'un plan fixe. On obtient donc une série de points appartenant à chaque couche spéciale, et, par suite, on peut en suivre les ondulations

et même en construire la surface ; au lieu de construire cette surface, on se con-
tente d'en tracer les lignes de niveau obtenues par les plans horizontaux de 10
mètres en 10 mètres, et ces lignes sont tracées de la même couleur que le terrain qu'elles représentent. Ce genre de carte permet de voir à la fois le sol et le
sous-sol ; elle résume la carte ordinaire et la coupe géologique, de même que le
plan coté résume les résultats donnés par deux plans de projection.

CHAPITRE III

COMPOSITION ET CARACTÈRES DES MINÉRAUX QUI CONSTITUENT LES ROCHES PRINCIPALES

Composition et caractères des minéraux qui constituent les roches principales : chaux carbonatée, dolomie, chaux sulfatée. — Quartz, feldspath, mica, talc, amphibole, pyroxène, argile. — Combustibles minéraux : anthracite, houille, lignite, tourbe.

Classification des minéraux. — On se sert en minéralogie de quatre sortes de caractères, servant à distinguer les minéraux :

1° Caractères extérieurs ;
2° Caractères cristallographiques (forme géométrique) ;
3° Caractères physiques ;
4° Caractères chimiques.

Les caractères extérieurs sont les moins sûrs, car une même substance telle que le calcaire peut se présenter sous plusieurs aspects bien différents.

Ce qu'il y a de constant pour un minéral, c'est la composition chimique et la forme cristalline qui est immuable.

Caractères extérieurs. — Ils sont nombreux, sans être caractéristiques ; voici comment ils sont classés par M. Dufrénoy :

1° *Agrégation.* — Les minéraux sont généralement à l'état solide ; on les dit friables lorsqu'ils s'écrasent entre les doigts ; on en trouve de fluides et de visqueux, comme les bitumes et les huiles minérales.

2° *Couleur.* — Certains minéraux ont une couleur propre caractéristique, tels sont le carbonate de cuivre (vert), le plomb sulfuré (gris bleuâtre), le peroxyde de fer (rouge). Quelquefois la couleur est accidentelle et due à un mélange de plusieurs minéraux ; le marbre noir est un mélange de calcaire et de bitume ou de charbon.

3° *Forme.* — Ce n'est point la forme géométrique, mais l'aspect général. C'est ainsi qu'on dit : fer à grains, quartz en rognons. Il y a aussi des formes pseudo-régulières, qui tiennent à ce qu'une masse échauffée se contracte par refroidissement, elle se fissure régulièrement et forme une série de colonnes à bases régulières : les roches volcaniques présentent cette disposition.

4° *Éclat.* — Il est vitreux, cireux, soyeux, nacré, adamantin, métallique. Un minéral est éclatant, brillant, d'un éclat faible ou mat.

5° *Transparence.* — Les minéraux peuvent être diaphanes (cristal de roche et spath d'Islande), demi diaphanes, translucides comme le verre dépoli (agate et albâtre), translucides sur les bords, ou opaques.

6° *Cassure.* — Elle peut être lamelleuse quand le minéral cristallisé présente un plan de clivage bien accentué, lamellaire quand les lames sont de petite dimension, c'est-à-dire qu'il y a plus d'un plan de clivage facile, grenue ou saccharoïde comme dans le marbre blanc de Carrare, fibreuse comme dans les minéraux qui cristallisent en prismes allongés (hématite), schisteuse comme dans l'ardoise.

7° *Dureté.* — La dureté est constante pour une même espèce, mais elle peut varier suivant les directions que l'on prend dans un cristal.

On appelle dur un minéral qui n'est pas rayé à la lime ou au couteau, demi-dur celui qui n'est pas rayé par l'ongle, tendre celui que l'ongle peut attaquer.

8° *Ténacité.* — La tenacité est la résistance d'un corps à être cassé. Les minéraux tendres prennent l'empreinte du marteau et sont tenaces ; les minéraux durs, tels que la pierre à fusil, se cassent sous le choc et sont fragiles.

9° *Raclure.* — La couleur de la poudre d'un minéral que l'on racle est quelquefois un bon indice.

10° *Tachure.* — Les minéraux tendres peuvent laisser des traces sur du papier.

11° *Onctuosité.* — Le talc, la serpentine sont gras et onctueux au toucher.

12° *Flexibilité.* — Les lames de mica sont très-flexibles et en même temps élastiques, puisqu'elles reviennent à leur position.

13° *Ductilité.*

14° *Saveur.* — En mettant le corps sur la langue, on reconnaît s'il a une saveur amère, douce, salée ou astringente.

15° *Happement à la langue.* — Ce caractère tient à la propriété de certains minéraux d'absorber l'eau.

16° *Odeur.* — Elle se développe par le frottement. Elle peut être bitumineuse, argileuse, sulfureuse.

17° *Froid.* — Le cristal de roche et les pierres fines produisent sur la main une impression de froid que ne donnent ni le verre, ni les pierres artificielles.

18° *Son.* — Quelques roches sont très-sonores (phonolite).

19° *Pesanteur.* — La pesanteur est l'appréciation grossière du poids. La recherche de la densité est un caractère physique.

Caractères cristallographiques. — Nous avons déjà vu en chimie que beaucoup de substances naturelles se présentaient sous des formes géométriques bien définies.

Ces formes sont régies par quelques lois, que nous exposerons brièvement et qui furent en partie données par Haüy en 1784.

Lorsque les minéraux se présentent en masses irrégulières, il arrive souvent qu'en cherchant à les casser, on produit des lames qui par leur ensemble reproduisent toujours le même polyèdre. Les directions des faces de ces lames sont les plans de clivage de la substance et les angles de ces plans entre eux servent à déterminer la forme type de la substance.

Les différents cristaux d'une même substance se déduisent d'une forme type, caractéristique de la substance, par des modifications simples. La forme type est presque toujours le solide formé par les plans de clivage.

Haüy posa les deux lois suivantes :

1° Deux minéraux, qui ont même composition chimique, cristallisent dans le même système et les angles de leur forme primitive sont les mêmes.

2° Deux minéraux, qui n'ont pas même composition chimique, ont une cristallisation différente, et les angles de leur forme primitive ne sont pas les mêmes.

A ces lois il y a des exceptions. Ainsi, nous savons qu'il y a des corps dimorphes, tels que le soufre, c'est-à-dire des corps qui se présentent sous deux formes cristallines incompatibles. D'un autre côté, l'isormophisme nous apprend que deux substances peuvent avoir à peu près la même forme primitive (exemple des vitriols bleu, vert et blanc).

Des cristaux. — Les cristaux sont des polyèdres à faces planes, presque toujours parallèles deux à deux, et symétriques par rapport à une ligne appelée axe. Un cristal n'a jamais d'angles rentrants.

Les cristaux se brisent suivant certaines directions dites plans de clivage; dans un même minéral, les clivages sont toujours semblablement disposés, les uns par rapport aux autres et aussi par rapport aux faces du cristal.

Il y a généralement trois directions principales de clivages ; ces trois directions forment un solide à angles constants; ce solide est caractéristique de la substance donnée.

La forme primitive d'un cristal est celle de laquelle on peut par des modifications simples déduire toutes les autres formes cristallines de la substance.

Les formes primitives appartiennent à six grandes classes, qu'on appelle les types ou systèmes cristallins :

Les faces d'un cristal sont toujours symétriques par rapport à un axe : si on connaît trois axes et leur position relative, on aura déterminé la forme générale d'un cristal ; c'est ainsi qu'on obtient les six systèmes suivants :

Axes rectangulaires.
1. Tous trois égaux. . . . . Type : le cube.
2. Deux seulement égaux . . Type : le prisme droit à base carrée.
3. Tous trois inégaux. . . . Type{ prisme droit à base rectangle ou à base losange (rhombe).

Axes obliques., . .
4. Trois axes égaux et également inclinés les uns sur les autres. Type : rhomboèdre ou prisme rhomboïdal oblique, dont toutes les faces sont égales.
5. Deux axes égaux. . . . . Type : prisme rhomboïdal oblique.
6. Trois angles inégaux. . . Type : prisme oblique non symétrique.

Étant donnée la forme type d'un cristal, les autres formes s'en déduisent conformément aux lois suivantes :

1° Loi de symétrie. — S'il existe une modification sur une partie quelconque d'un cristal, la même modification doit se représenter sur les parties semblables.

2° *Loi d'hémiédrie.* — Dans certains cristaux, il existe une anomalie qui s'explique cependant par la considération de l'hémiédrie : lorsqu'une modification

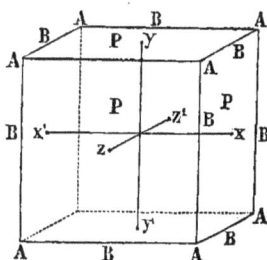

Fig. 33.

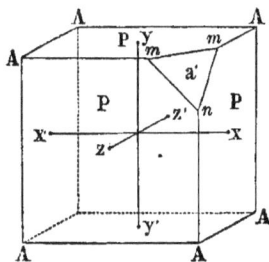

Fig. 34.

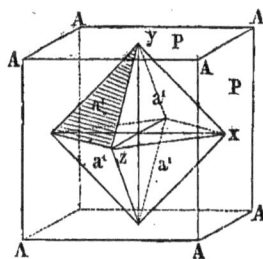

Fig. 35.

existe sur une partie quelconque d'un cristal, elle peut ne se reproduire sur les parties semblables que de deux en deux.

Nous allons montrer sur le premier système cristallin, le cube, les diverses modifications qu'il peut subir :

La figure 33 représente le type cubique avec ses trois axes. On peut en dériver d'autres cristaux, soit en modifiant les angles, soit en modifiant les arêtes ; d'autre part, les plans des nouvelles faces peuvent être également inclinés sur les angles ou sur les arêtes modifiées (on dit alors que la modification est tangente), ou avoir des inclinaisons inégales.

La figure 34 montre en (a') une modification tangente sur l'angle ; cette modification se reproduit sur les sept autres angles du cube, et si le plan (a') s'avance peu à peu vers l'axe (yy'), on arrive à produire l'octaèdre régulier représenté par la figure 35.

Si l'on fait une modification tangente sur une arête du cube, elle se reproduira d'après la loi de symétrie, sur les douze arêtes, et si le plan de la face (b_1) s'avance peu à peu vers l'axe du cristal, on obtiendra finalement un polyèdre à douze faces parallélogrammes, dont les arêtes sont égales ; ce solide est le

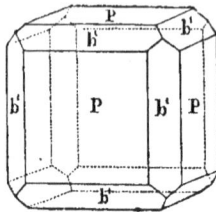

Fig. 36.

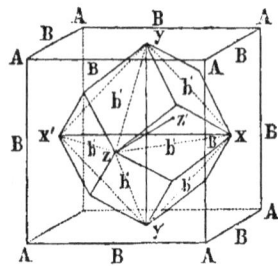

Fig. 37.

dodécaèdre rhomboïdal. Sa formation se comprend bien à l'inspection des figures 36 et 37. Les angles de ce polyèdre ont des valeurs constantes faciles à calculer :

Les angles du parallélogramme des faces sont de 109° 28' 16" et 70° 16' 44" ; l'inclinaison de deux faces qui se coupent est de 120°

Nous n'avons pas l'intention d'aller plus loin en cristallographie ; nous avons voulu seulement en faire bien comprendre les principes. Nous nous contenterons de donner les figures des cinq derniers types cristallins :

2e système : prisme droit à base carrée (fig. 38). Les modifications tangentes sur

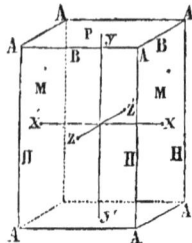

Fig. 38.

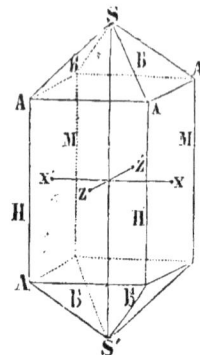

Fig. 39.

les arêtes donnent le prisme à pointement pyramidal que l'on voit figure 39.

Les modifications sur les arêtes verticales donnent le prisme à base carrée (*fig.* 40) ou le prisme à base hexagonale (*fig.* 41).

Le 3ᵉ système cristallin a pour type le prisme droit à base rectangulaire (*fig.* 42),

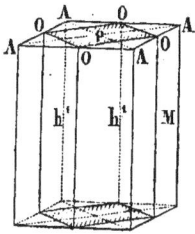
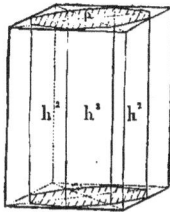

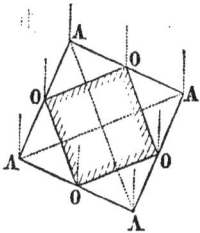
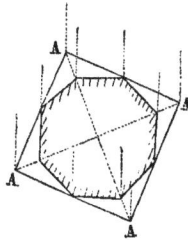
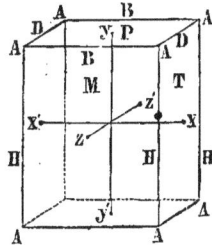

Fig. 40.   Fig. 41.   Fi 42.

et par modification sur les arêtes verticales, on obtient le prisme rhomboïdal droit de la figure 43.

Le 4ᵉ système cristallin a pour type le rhomboèdre (*fig.* 44) dont toutes les faces sont des losanges égaux.

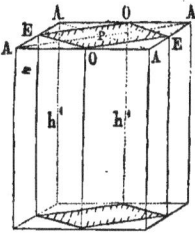
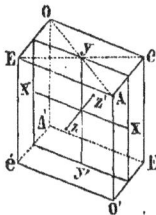
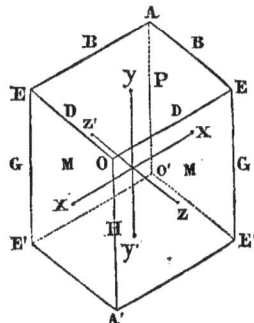

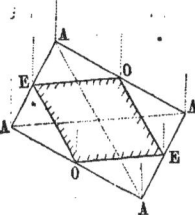
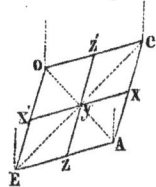

Fig. 43.   Fig. 44.   Fig. 45.

Le 5ᵉ système a pour type le prisme rhomboïdal oblique (*fig.* 45).

Le 6ᵉ système a pour type le prisme oblique non symétrique (*fig.* 46).

Dans la détermination d'un cristal, le point délicat est la détermination des angles dièdres ; on y arrive au moyen d'instruments appelés goniomètres (mesureurs d'angles). Le plus simple est le goniomètre d'Haüy, qui n'est autre qu'un rapporteur ordinaire avec rayons mobiles; ceux dont on se sert aujourd'hui sont plus exacts et sont basés sur les lois de réflexion et de réfraction de la lumière.

Caractères physiques des cristaux. — Ces caractères sont :

1° la densité, que l'on détermine soit par la balance hydrostatique, soit par la méthode du flacon, soit par l'aréomètre de Nicholson (voir la physique) ;

2° L'électricité qu'ils acquièrent par le frottement; c'est ainsi que le soufre prend toujours l'électricité négative ;

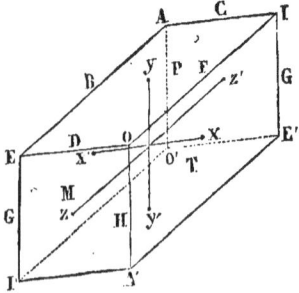
Fig. 46.

3° Le magnétisme ;

4° La double réfraction, propriété par laquelle un faisceau lumineux traversant certains cristaux se divise en deux faisceaux divergents; il y a donc deux indices de réfraction, et deux espèces de lumières dans le faisceau primitif qui se trouve décomposé.

Nous ne pouvons entrer plus avant dans l'étude de la double réfraction, et de la polarisation. Le mica et le quartz en lames minces présentent ces propriétés ;

5° L'élasticité ;

6° La dilatation, qui, comme l'élasticité est variable, suivant que l'on agit dans la direction de tel ou tel axe du cristal.

Caractères chimiques. — Les caractères chimiques s'obtiennent par des analyses plus ou moins rapides, plus ou moins exactes, que nous ne décrirons pas ; l'essai au chalumeau est fort employé.

Il nous a paru utile de donner les considérations générales que l'on vient de lire, avant d'aborder l'histoire de quelques minéraux qui nous intéressent.

CHAUX CARBONATÉE

La chaux carbonatée pure a, sous ses diverses formes, la composition chimique CaO,Co^2; elle se dissout dans l'acide nitrique et fait effervescence avec les acides. Elle est blanche, mais, dans la nature, elle se trouve souvent colorée par un mélange de matières étrangères.

La chaux carbonatée est rayée par une pointe d'acier. Sa densité varie de 2,5 (craie) à 2,7. Au chalumeau, la chaux carbonatée se décompose et donne de la chaux vive.

1° **Spath d'Islande. Chaux carbonatée cristallisée.** — La chaux carbonatée cristalline est quelquefois transparente comme le spath d'Islande ; mais le plus souvent elle est laiteuse. Elle présente trois plans de clivage donnant un rhomboèdre dont l'angle est 105°5′, et que représentent les figures 1 et 2, planche III.

Cette variété se rencontre la plupart du temps en masses cristallines irrégulières, desquelles on peut extraire le solide de clivage, et qui se brisent en lamelles. On dit alors que la chaux est lamelleuse; si les lames deviennent petites, on dit que la chaux est lamellaire, et enfin l'on passe à la variété saccharoïde.

On rencontre de la chaux carbonatée presque noire, parce qu'elle renferme du charbon ; on en trouve qui possède une apparence nacrée comme le mica, mais qui se laisse rayer à l'ongle (les Allemands l'appellent écume de mer).

La chaux carbonatée cristallisée se trouve dans des poches ou géodes placées au milieu de terrains calcaires ; elle forme aussi la gaîne ou gangue des filons qui ont été lancés de l'intérieur de la terre dans les terrains calcaires.

Arragonite. — La chaux carbonatée cristallisée est dimorphe ; outre le spath d'Islande qui cristallise en rhomboèdres, on connaît l'arragonite qui cristallise en prisme rectangulaire droit (3e système).

Ce fut le premier corps qui vint contredire la loi d'Haüy ; celui-ci prétendait même que la forme de l'arragonite tenait à la présence d'une certaine quantité de carbonate de strontiane. Mais cette raison est sans valeur, car il y a de l'arragonite qui ne renferme pas de strontiane. Elle se présente en cristaux transparents et en masses fibreuses d'un blanc laiteux. On la rencontre dans les filons de Marienberg en Saxe, et dans les argiles rouges ferrugineuses qui accompagnent le gypse ou pierre à plâtre.

L'arragonite est un des minéraux qui offrent le phénomène de l'hémitropie. Soit un cristal dont MM' est la section (*fig.* 3, *pl.* III), considérons la ligne dd' également inclinée sur les côtés gg, et telle que $dl = d^1 l^1$; soit un plan perpendiculaire à la figure et passant par dd^1 ; supposons que l'on fasse tourner la moitié inférieure du cristal de 180° autour de la normale au plan dd^1 on obtiendra la section représentée par la figure 4, planche III, qui présente un angle rentrant en d^1 ; cette section est hémitrope (demi-tour) par rapport à la première. On trouve dans la nature certains cristaux hémitropes avec des angles rentrants ; l'arragonite en est un exemple.

2° **Chaux carbonatée fibreuse.** — La chaux carbonatée fibreuse est formée de longs cristaux prismatiques accolés ; le plus souvent l'apparence cristalline disparaît, les cristaux sont de véritables filaments et la substance prend un aspect soyeux et nacré.

La couleur est laiteuse ; et quelquefois elle varie d'une zone à l'autre ; la chaux carbonatée dans ce cas constitue l'albâtre antique.

Le calcaire fibreux s'est formé par cristallisation au sein des eaux ; nous le voyons encore se former sous nos yeux. Les eaux acidulées dissolvent les carbonates, puis, lorsqu'elles arrivent à l'air, leur acide se dégage et elles ne peuvent plus maintenir le calcaire dissous qui se dépose alors sous forme d'incrustations. Lorsque le suintement de l'eau chargée de calcaire se produit en un point de la voûte d'une caverne, il se forme en ce point une stalactite conique qui s'accroît avec le temps, et juste en regard de la stalactite, sur le sol de la grotte, s'élève une stalagmite qui finit par rejoindre sa sœur placée au-dessus d'elle ; l'ensemble devient alors une colonne brillante.

Le calcaire fibreux est quelquefois coloré en jaune par de l'oxyde de fer, ou en vert par de l'hydrocarbonate de Nickel (permite), ou en rouge par des matières organiques (corail produit par la sécrétion d'animaux qui pullulent dans les mers du tropique).

3° **Chaux carbonatée saccharoïde.** — Son nom indique assez sa forme ; elle a l'apparence grenue du sucre, et cette apparence est due à la cristallisation ; elle laisse passer une partie de la lumière ; elle est aussi dure que les variétés précédentes.

Le calcaire saccharoïde est une roche métamorphique ; on le trouve toujours voisin d'un calcaire ordinaire renfermant les fossiles du lias.

Les deux types de ce calcaire sont : 1° le marbre de Paros et le marbre pentélique à gros grains presque lamelleux, et 2° le marbre de Carrare à grain très-fin.

Le calcaire saccharoïde est très-variable d'aspect dans une même carrière, et cela se comprend si l'on considère la cause qui l'a produit : la cristallisation a dû être d'autant moins parfaite que les couches s'éloignaient plus du foyer de chaleur, que ce foyer fût la chaleur souterraine ou la chaleur abandonnée par un filon qui se solidifiait.

4° Chaux carbonatée compacte. — La chaux carbonatée compacte est une formation puissante. Mêlée à des couches argileuses, elle constitue le massif du Jura. Sa cassure est esquilleuse ou conchoïde suivant qu'elle est blanche ou colorée ; la variété blanche est pure, et sa cassure esquilleuse indique un commencement de cristallisation.

Le calcaire compacte est généralement résistant, surtout s'il est pur ; on le trouve coloré en jaune par de l'oxyde de fer, en brun par l'hydrate d'oxyde de fer, en gris par le bitume ou le charbon ; quelquefois même il est tout à fait noir, c'est ainsi qu'on le trouve dans le terrain houiller ; il prend alors le nom de marbre noir de Belgique ou de Derbyshire.

Le calcaire pur calciné donne de la chaux grasse ; lorsque le calcaire est argileux, il donne des chaux maigres et des chaux hydrauliques.

Calcaire oolithique. — Le calcaire oolithique est formé par la réunion d'une masse de petits grains de calcaire compacte, réunis quelquefois par une pâte calcaire ; le nom de ce calcaire vient de ce qu'il ressemble à des œufs de poisson accolés les uns aux autres.

L'oolithe est un grain très-petit, et le calcaire a une cassure nette et uniforme ; lorsque la grosseur du grain dépasse celle d'un grain de plomb, on a ce qu'on appelle le calcaire pisolithique ; le grain y atteint quelquefois une grande dimension, comme dans les dragées de Tivoli, mais, si l'on casse ces noyaux calcaires, on les trouve formés d'une série de couches.

Certains calcaires compactes renferment dans leur pâte une multitude de coquilles fossiles fort bien conservées, qui donnent à la pierre des reflets brillants ; cette pierre s'appelle alors la lumachelle et sert à l'ornementation.

5° Chaux carbonatée terreuse. — Cette chaux carbonatée est tendre, friable, elle tache les doigts et est presque toujours impure.

La variété pure constitue la craie.

Quand le calcaire terreux renferme plus de 40 pour 100 d'argile, il prend le nom de marne ; cette variété est fort employée en agriculture, parce qu'elle se délite à l'air et répand dans le sol la chaux dont les végétaux ont besoin.

Le calcaire terreux se trouve dans les terrains crétacés et dans les terrains tertiaires.

Le calcaire terreux comprend encore l'agaric minéral ou lait de montagne et la farine fossile ; ce sont des craies très-friables, d'un grain très-fin et douces au toucher. On s'en sert en Suisse pour blanchir les maisons.

Dolomie. — La dolomie fut longtemps regardée comme une variété de chaux carbonatée renfermant de la magnésie. On le croyait d'autant plus que l'angle du cristal de la dolomie se rapproche beaucoup de celui de la chaux carbonatée ($106°15'$ au lieu de $105°5'$), et ce n'est qu'avec des goniomètres perfectionnés que cette différence est sensible. Le cristal de la dolomie est un rhomboèdre comme celui du spath.

La dolomie est formée d'un atome de chaux carbonatée et d'un atome de magnésie carbonatée ($CaO, Co^2 + MgO, Co^2$) ; elle se dissout très-lentement dans les acides, tandis que de la chaux carbonatée qui renferme du carbonate de magnésie seulement à l'état de mélange fait effervescence avec les acides.

On connait la dolomie cristallisée, saccharoïde, compacte et terreuse ; ces variétés se rapprochent des variétés calcaires correspondantes.

La dolomie saccharoïde est souvent friable, parce que les cristaux sont bien formés et, pour ainsi dire, isolés les uns des autres, et peuvent se déplacer facilement.

Les cristaux de dolomie se rencontrent en France à Sainte-Marie-aux-Mines. La dolomie saccharoïde et grenue existe dans les Alpes, par exemple, au Saint-Gothard ; elle semble avoir été formée postérieurement aux couches qui la contiennent, par une irruption de carbonate de magnésie venu de l'intérieur ; les terrains qui la renferment sont toujours plus ou moins bouleversés. On trouve aux environs de Paris quelques couches de craie à l'état de dolomie.

CHAUX SULFATÉE

La chaux sulfatée est très-tendre, elle se laisse rayer à l'ongle ; sa densité est environ 2,3. Insoluble dans les acides, elle est presque toujours blanche ; elle abandonne de l'eau par calcination. Sa formule est $CaO, SO^3 + 2HO$. Il en existe plusieurs variétés que nous allons décrire :

1° **Chaux sulfatée cristallisée.** — La chaux sulfatée cristallisée présente un plan de clivage très-facile ; avec l'ongle, avec la pointe d'un canif, on en sépare des lames assez longues ; elle a deux autres plans de clivage moins commodes à produire. Ces trois clivages donnent pour solide un prisme rectangulaire droit.

Une forme assez commune est celle d'une tablette prismatique dont les faces latérales sont remplacées par deux biseaux (*fig.* 5, *pl.* III) ; le clivage facile est parallèle à la face *g*.

La chaux sulfatée offre un exemple curieux d'hémitropie (*fig.* 6, *pl.* III), et comme les arêtes d'un cristal hémitrope ont souvent été arrondies, l'ensemble présente la forme d'un fer de lance que l'on voit sur la figure 7, planche III ; on trouve beaucoup de ces échantillons dans les carrières à plâtre des environs de Paris.

2° **Chaux sulfatée fibreuse.** — Existe en plaques minces à fibres larges quelquefois contournées. Elle est laiteuse avec une couleur blanche nacrée.

3° **Chaux sulfatée saccharoïde.** — Ce minéral est très-blanc, très-tendre, à cassure grenue, se taille très-facilement ; il constitue l'albâtre ordinaire dont on fait des objets d'ornement.

4° **Chaux sulfatée compacte.** — Elle est à cassure esquilleuse, d'un blanc sale, souvent un peu jaune.

La chaux sulfatée se rencontre dans tous les terrains de sédiment, où elle semble avoir été formée par réaction chimique : des pyrites de fer se sont sulfatisées et ont donné du sulfate de chaux en présence des calcaires.

On en trouve des gisements considérables dans les terrains tertiaires et dans les terrains des marnes irisées.

Elle existe aussi, mais en masses accidentelles dans les terrains secondaires ; elle a dû prendre naissance dans ces terrains postérieurement à leur formation, et elle est accompagnée de roches porphyriques contemporaines. C'est ainsi que se présente le gypse des Alpes et des Pyrénées.

Le bassin de Paris est très-riche en pierre à plâtre qui offre de nombreux débris fossiles.

Anhydrite. — L'anhydrite diffère de la chaux sulfatée ordinaire en ce qu'elle ne renferme pas d'eau ; sa formule est CaO, So^3. Elle a trois clivages faciles qui conduisent à un prisme rectangulaire droit comme solide primitif. Cette substance est plus dure que la chaux carbonatée ; elle est diaphane en lames minces, et translucide en lames épaisses. Elle est ordinairement d'un blanc laiteux, quelquefois grisâtre et même violette ou rose.

L'anhydrite s'altère facilement à l'air et se transforme en chaux sulfatée ordinaire par absorption d'eau.

On la trouve à l'état fibreux dans les mines de sel gemme, par exemple, à Wieliczka en Pologne.

L'anhydrite ne peut servir à la fabrication du plâtre ; c'est une mauvaise pierre de construction. On la rencontre en abondance dans les Alpes.

QUARTZ

Le quartz existe à profusion dans la nature, sous des formes très-diverses : les variétés ne diffèrent que par les propriétés extérieures ; elles sont toutes chimiquement composées de silice. C'est un minéral très-dur qui raye le verre et les métaux, et n'est rayé que par le diamant et quelques autres pierres fines. Densité 2,6 à 2,8. Inattaquable par les acides.

En voici les principales variétés :

1° quartz hyalin ou cristal de roche ;
2° quartz compacte ou quartzite ;
3° quartz agate ;
4° quartz silex ;
5° quartz terreux ;
6° quartz résinite ;
7° jaspe ;
8° grès.

1° Quartz hyalin. — Sa grande transparence lui a valu son nom ; suivant les cas, on l'appelle cristal de roche, améthyste, caillou d'Alençon ; c'est de la silice pure.

La forme primitive du quartz est un rhomboèdre dont les angles sont 94°15' et 85° 45' (*fig.* 8, *pl.* III), mais on trouve rarement des cristaux de cette espèce ; les plus communs sont formés par un prisme hexagonal régulier (*fig.* 9, *pl.* III) surmonté d'un pointement pyramidal à six pans. Quelquefois, deux des faces du prisme hexagonal se développent plus que les autres, et le sommet du pointement est remplacé par une arête (*fig.* 10 *pl.* III) ; enfin, le prisme disparaît quelquefois et le cristal se compose de deux pyramides hexagonales accolées par la base (*fig.* 11, *pl.* III). Cette dernière forme est celle du quartz rouge appelé hyacinthe de Compostelle.

Les cristaux de quartz présentent fréquemment des modifications sur les angles ou sur les arêtes ; la figure 12, planche III, montre un octaèdre de quartz affecté d'une modification hémièdre sur les angles ; la figure 13, planche III, montre une modification hémièdre sur les arêtes des bases, et la figure 14, planche III, une modification complète sur ces mêmes arêtes.

Tous les cristaux de quartz ont un caractère commun : les faces du prisme hexagonal sont recouvertes de stries, que l'on regarde comme les traces géométriques des plans de clivage, c'est-à-dire des plans qui limitent les rangées de petits rhomboèdres formant le gros cristal.

Le quartz présente aussi de nombreux cas d'hémitropies, qui intéressent surtout la science pure.

Contrairement à tous les autres minéraux, le quartz prend souvent de fortes dimensions ; il n'est pas rare de trouver dans les Alpes du Dauphiné, des cristaux de plus de 1 décimètre de hauteur ; et le cristal de roche employé à la confection des verres optiques, est extrait de cristaux que l'on recueille à Madagascar et qui atteignent jusqu'à 3 décimètres.

Le quartz ne présente pas de plan de clivage sensible. Il offre le phénomène de la double réfraction.

Le cristal de roche est blanc ; on rencontre des cristaux de quartz colorés en violet par de l'oxyde de manganèse, et ils constituent l'améthyste ; on le rencontre aussi sous une autre forme très-curieuse, dite quartz enfumé, c'est du cristal de roche coloré en jaune gris par du bitume.

Enfin il y a aussi du quartz rougi par l'oxyde de fer ou bruni par l'hydrate de cet oxyde.

Les cristaux de quartz renferment souvent des cristaux étrangers, par exemple des aiguilles de titane, ou de petites lames de mica qui réfléchissent la lumière ; le cristal prend dans ce dernier cas le nom d'aventurine.

Enfin, un spectacle curieux est celui de certains cristaux de quartz qui renferment des cavités intérieures remplies d'un liquide oléagineux ; cela se rencontre surtout dans les cristaux enfumés et doit tenir à la présence de matières bitumineuses au moment de la formation du quartz.

2° **Quartz compacte ou quartzite.** — On le trouve dans les terrains de transition des Alpes et de Bretagne ; il a dû se former par sédiment, car il est composé de grains de quartz souvent peu apparents, reliés par une pâte siliceuse.

3° **Quartz agate.** — L'agate se trouve au milieu de terrains anciens, sous forme de rognons ou masses globuleuses ; ce quartz est d'une date postérieure à celle des terrains ; il s'est déposé dans des poches par couches concentriques successives, qu'il est facile de reconnaître en sciant un rognon d'agate.

Le liquide tenant la silice en suspension arrivait dans la poche par des fissures dont on retrouve la trace.

Tout le monde a entendu parler des geysers d'Irlande, qui lancent d'une manière intermittente des jets d'eau chaude, laquelle en retombant abandonne de la silice ; cette silice est sous forme de quartz agate.

L'agate ordinaire est formée de bandes concentriques, de couleurs variées ; on l'appelle agate rubannée.

Lorsque les rubans sont alternativement noirs ou blancs, l'agate s'appelle onyx et sert à faire les camées.

La sardonyx est une agate à couches alternativement blanches et rouges.

Les agates, grises, bleuâtres, de couleur claire en général, s'appellent calcédoines ; les agates rouges et foncées sont des cornalines.

La saphirine est translucide bleu de ciel ; l'héliotrope, vert foncé avec points rouges ; les œils de chat sont des agates rubannées dont les rubans sont circulaires.

4° **Quartz silex.** — Le quartz silex se présente en rognons plus ou moins gros, tout bosselés et quelquefois réunis les uns aux autres par des branches ; on les trouve dans la craie, aussi sont-ils blancs à la surface.

A l'intérieur, ils sont noirs ou gris, quelquefois jaunes. Les fragments en sont très-aigus et constituent la pierre à fusil ; le fer choqué contre eux abandonne de petits fragments qui, portés à une haute température, s'oxydent en produisant la température rouge. Le silex est sans éclat, légèrement transparent,

A côté de la pierre à fusil, il faut placer la meulière, qui est un silex tout rempli de crevasses et de boursouflures intérieures ; il semble que ces pierres aient pris naissance dans un liquide bouillonnant.

Les cavités sont plus ou moins étendues; elles sont souvent tapissées de cristaux ; la meulière est une pierre dure et résistante ; la meilleure est celle dans laquelle les cavités sont de dimensions moyennes et sensiblement uniformes. La meulière employée dans les moulins doit être d'un grain uniforme, assez fin pour que le blé ne se loge pas dans les cavités.

5° **Quartz terreux**. — Les rognons de quartz silex sont recouverts en général d'une couche blanchâtre qui est de la silice pure ; la masse est très-tendre et s'écrase entre les doigts. Le quartz terreux est dû à des infiltrations siliceuses ; il est la base des poussières appelées tripoli, dont les grains très-durs servent à polir les métaux.

6° **Quartz résinite**. — C'est un quartz luisant, analogue à la résine.

Le quartz résinite est brun ou vert, quelquefois blanc laiteux, avec des reflets irisés, et alors il constitue l'opale. Il y a des opales d'un rouge vif que l'on trouve au Mexique.

L'aspect particulier du quartz résinite tient à ce que, contrairement aux précédents, il n'est pas formé de silice pure, mais qu'il renferme de la silice avec environ 10 pour 100 d'eau.

L'hydrophane est un quartz résinite très-capillaire qui, plongé dans l'eau, s'en imbibe et devient transparent ; on voit des bulles d'air se dégager pendant l'imbibition. L'hydrophane est jaune.

7° **Jaspe**. — Le jaspe est complétement opaque. C'est un silex mélangé, soit d'oxyde de fer, soit d'hydrate de cet oxyde; il est à cassure unie, et présente quelquefois une série de couches concentriques.

Dans les jaspes, il faut compter la pierre de touche, silex noir que l'on trouve en Lydie et sur lequel les métaux précieux laissent par le frottement une trace que l'on essaye à l'acide nitrique.

8° **Grès**. — Le grès est une roche composée, arénacée, formée de grains de quartz hyalin réunis par un ciment. Le ciment est tantôt calcaire, tantôt siliceux, et alors le pavé est plus résistant. Le grès est aussi dur que le quartz, mais la ténacité dépend beaucoup du ciment, de sa quantité et de sa nature.

On rencontre parfois des grès colorés en brun ou en rouge par du fer.

FELDSPATH

Le feldspath comprend une famille de minéraux de structure analogue.

Les roches plutoniennes, les granites par exemple, sont formées en grande partie de feldspath en lamelles nacrées blanches ou faiblement colorées. Longtemps on a cru que le feldspath était un silicate double d'alumine et de potasse ; on reconnut ensuite que la potasse pouvait y être remplacée par la soude, et aussi par les bases terreuses (fer, chaux, magnésie).

Voici les espèces principales de feldspath :

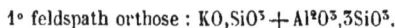

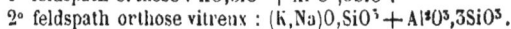

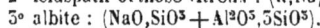

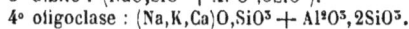

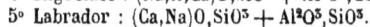

1° feldspath orthose : $KO,SiO^3 + Al^2O^3,3SiO^3$.
2° feldspath orthose vitreux : $(K,Na)O,SiO^3 + Al^2O^3,3SiO^3$.
3° albite : $(NaO,SiO^3 + Al^2O^3,5SiO^3)$.
4° oligoclase : $(Na,K,Ca)O,SiO^3 + Al^2O^3,2SiO^3$.
5° Labrador : $(Ca,Na)O,SiO^3 + Al^2O^3,SiO^3$.

Enfin il y a des feldspaths, tels que le pétalite et le triphane, analogues à l'orthose et qui n'en diffèrent qu'en ce que la potasse est remplacée par de la lithine. Ils sont peu répandus et nous n'en parlerons pas davantage.

On remarquera que dans les feldspaths orthose, orthose vitreux et albite, les quantités d'oxygène, des oxydes métalliques, de l'alumine et de la silice sont entre elles comme les nombres 1, 3, 12, tandis que dans l'oligoclase ces mêmes quantités sont comme 1, 3, 9, et dans le labrador comme 1, 3, 6.

1° Orthose. — L'orthose se trouve en cristaux blancs dans la pâte des roches anciennes, ou bien encore en cristaux séparés tapissant des géodes, ou enfin en masses lamelleuses.

La forme primitive de l'orthose est le prisme rhomboïdal oblique. Il est en général de couleur blanche. Il est dur et raye le verre.

On en trouve difficilement des cristaux isolés, et la forme primitive est rare, elle est représentée par la figure 15, planche III; modifiée, elle donne des prismes de forme variable. On trouve même des cristaux hémitropes.

La figure 16, planche III, donne un cristal d'orthose avec modification sur deux angles symétriques ; la figure 17, planche III, représente un cristal sur lequel il existe deux faces tangentes à la place de deux des quatre arêtes qui limitent verticalement les faces M, et deux biseaux à la place des bases (a).

Il existe un feldspath lamelleux, sous forme de filons dans les granites et les porphyres ; ce feldspath est blanc laiteux ou rose, couleur assez fréquente chez le feldspath. Ces lames de feldspath ont quelquefois un aspect nacré ou irisé.

Il existe une grande quantité de variétés du feldspath orthose ; nous ne pouvons les signaler ici ; elles ont même composition chimique et se distinguent par des détails de forme et de couleur.

On trouve, au voisinage du feldspath cristallisé, une poudre blanche terreuse qui résulte de l'altération du feldspath ; ce qui le prouve, c'est que, dans des masses de ce genre, on a retrouvé certaines parties conservant la forme des cristaux. En se décomposant, le feldspath a perdu son alcali, et la terre blanche est du silicate d'alumine, c'est-à-dire du kaolin, base de la porcelaine.

Le feldspath compacte, ou pétrosilex (*hornstein* des Allemands), se rencontre dans le massif des Vosges. C'est un minéral qui a les caractères suivants : il est difficilement fusible et donne un émail blanc, il raye le verre, et offre une cassure esquilleuse. Le pétrosilex se rapproche du quartz compacte qui, lui, est infusible ; il est à bords translucides et possède l'aspect des corps gras. Ses couleurs sont variées : tantôt gris rougeâtre ou verdâtre, tantôt gris plus ou moins blanchâtre, quelquefois rouge sang. La densité moyenne des pétrosilex est 2,6.

Les pétrosilex ont même composition chimique que les feldspaths ; toutefois la proportion de silice y est plus forte, et celle de protoxyde plus faible.

Le pétrosilex se trouve en masses dans les terrains de granite ; on le trouve aussi dans les terrains de transition, soit sous forme de filons, soit sous forme de couches réellement sédimentaires (pierre de Chalonnes, sur la Loire).

Une autre variété de feldspath est le feldspath sonore ou phonolithe, qui ressemble au pétrosilex, mais s'en distingue par sa plus grande fusibilité ; il donne un émail gris. Les phonolithes sont moins durs que le feldspath et se laissent rayer par l'acier ; d'une couleur gris verdâtre qui blanchit à l'air, ils ont quelquefois une constitution schisteuse et peuvent se débiter en lames, telle est la roche tuilière du Mont-Dore.

On connaît aussi un feldspath résinite, à éclat gras, qui se boursoufle par la fusion et donne un émail blanc ; ce feldspath est de couleur vert bouteille.

2° Feldspath orthose, vitreux. — L'obsidienne est une roche analogue au feldspath résinite, mais qui en diffère en ce qu'elle a l'aspect vitreux au lieu de l'aspect résineux ; l'obsidienne a une cassure conchoïde, vitreuse, éclatante ; elle ressemble tout à fait à un émail. Et, en effet, c'est un émail qui a été produit par la chaleur dégagée au moment de l'éruption des roches plutoniennes. Les obsidiennes sont noires ou vert foncé ; par la fusion, elles se boursouflent et donnent un verre rempli de bulles.

Quelques obsidiennes, dites à œil de perdrix, renferment des noyaux cristallisés qui se détachent d'une façon brillante sur le fond noir.

L'obsidienne se rencontre dans les terrains volcaniques, c'est ce qui explique sa formation ; elle se présente en coulées assez puissantes pour former quelquefois de véritables montagnes.

La pierre ponce, que tout le monde connaît, cette masse boursouflée, formée de fibres verdâtres entre-croisées, est une modification de l'obsidienne. L'obsidienne en fusion a été traversée par un courant gazeux froid qui l'a boursouflée et solidifiée. La ponce est généralement gris verdâtre, c'est une pierre dure qui raye l'acier, fort rude au toucher, elle se brise facilement ; sa densité est voisine de celle de l'eau, un peu moindre cependant. Par la fusion, elle donne un émail blanc. Dans certains blocs, on peut saisir le passage progressif de l'obsidienne à la ponce ; on rencontre près de Naples des tufs ponceux disposés en couches, ils ont été formés par des courants qui avaient désagrégé les ponces volcaniques anciennes.

3° Albite. — L'albite se rencontre en cristaux, en lamelles, et en masses grenues. Éclat vitreux. Couleur ordinaire : blanc de lait. L'albite est translucide, aussi dure que le feldspath. Densité 2, 6.

La forme primitive de l'albite est un prisme oblique non symétrique (*fig.* 18, *pl.* III) ; ses cristaux sont souvent hémitropes, et presque toujours striés à cause des traces que font sur les faces les plans de clivage.

L'albite est un silicate double à base de soude ; mais un peu de soude peut être remplacé par de la potasse sans changer la constitution du minéral, de même que nous avons vu dans l'orthose vitreux un peu de soude se substituer à la potasse.

L'albite lamelleuse ce confond avec le feldspath lamelleux ; l'albite grenue est blanche et saccharoïde.

L'albite terreuse existe et engendre du kaolin en abandonnant la soude, comme le feldspath en engendre en abandonnant la potasse.

L'albite se trouve en filons dans les Alpes et en cristaux dans le granite, où souvent on est exposé à prendre l'albite pour l'oligoclase et inversement. L'albite en cristaux se trouve surtout dans les granites relativement modernes, tels que ceux du centre de la France, par exemple du Forez.

Les porphyres et les diorites sont des roches renfermant de l'albite.

4° Oligoclase. — L'oligoclase entre bien plus fréquemment que l'albite dans la constitution de roches importantes, telles que le granite, le gneiss et le schiste micacé.

On la trouve rarement en cristaux bien déterminés ; les quelques échantillons que l'on en possède sont identiques à ceux de l'albite.

L'oligoclase se présente en masses lamelleuses, analogues à celles de l'orthose ; ces deux minéraux sont souvent mélangés.

La couleur générale de l'oligoclase est le gris, avec une teinte jaunâtre. Il en existe une variété *rouge de cuivre*, qu'on appelle *pierre du soleil*. Densité 2,65. Même dureté que l'orthose.

Certaines variétés d'oligoclase renferment, outre la potasse, la soude et la chaux, de la magnésie qui se joint aux protoxydes précédents ; l'alumine Al^2O^3 est quelquefois en partie remplacée par du peroxyde de fer Fe^2O^3.

L'oligoclase se trouve surtout dans les granites, spécialement en Suède et en Norwège, où elle joue le même rôle que l'orthose. On la rencontre aussi dans certains granites de Bretagne et du centre de la France ; ces granites sont à gros grains, et d'origine postérieure à celle des granites à orthose qui sont à plus petits grains.

Dans beaucoup de granites, l'orthose et l'oligoclase sont coexistants.

5° **Labrador.**— Le labrador a été reconnu pour la première fois dans une belle roche appelée *pierre de Labrador*, et longtemps on l'a confondu avec l'albite. — Le labrador se présente en masses lamelleuses d'un gris cendré ; dans certaines pierres très-brillantes, le labrador prend des reflets de couleur variée.

Le balsate et les laves renferment souvent de nombreux cristaux très-petits de labrador ; les laves de l'Etna en sont parsemées, et quand ces laves sont désagrégées, on peut recueillir les cristaux.

Les cristaux bien nettement conformés se rencontrent très-rarement. La forme primitive du labrador est un prisme oblique non symétrique.

Le labrador est attaquable par l'acide chlorhydrique, tandis que l'albite ne l'est pas ; c'est là ce qui les distingue. Le labrador raye le verre ; sa densité est 2,7 ; il fond avec beaucoup de difficulté au chalumeau.

Les cristaux de labrador qu'on trouve dans les laves sont blancs ou gris, dans les diorites ils sont verdâtres.

Le labrador est un silicate double d'alumine et de chaux mélangée à de la soude ; la chaux domine, ce qui explique la difficile fusibilité de ce minéral ; à ces protoxydes se mélange quelquefois un peu d'oxyde de fer.

On trouve le labrador dans des roches analogues aux granites, mais qui s'en distinguent par l'absence de quartz. Le labrador renferme peu de silice, et n'entre en général que dans la composition des roches basiques, telles que les diorites, les basaltes et les laves.

MICA

Le mica est un des minéraux les plus faciles à reconnaître : il est en lamelles plus ou moins épaisses, dont le clivage parallèlement à la base est très-commode ; avec un couteau, avec l'ongle, on en détache de petites feuilles transparentes de quelques millimètres d'épaisseur. Le mica est très-flexible et en même temps élastique ; les feuilles repliées sur elles-mêmes reviennent ensuite à leur forme plate.

Le mica possède un éclat métallique très-vif ; il affecte diverses couleurs, ordinairement il est blanc argentin, ou noir verdâtre.

Les micas présentent des propriétés variées au point de vue de la fusibilité ; cela tient à des compositions chimiques différentes, et il est convenable de considérer le mica non comme un individu, mais comme une famille, dont la propriété générale est de se diviser en lamelles transparentes et brillantes (mica vient de *micare*, briller).

Sous le rapport de la réfraction de la lumière, les micas présentent aussi des propriétés très-variables.

Au point de vue chimique, les principes dominants du mica sont : la silice, l'alumine, avec la magnésie, la potasse et la lithine ; à ces éléments s'ajoutent en moindre proportion les protoxydes de fer et de manganèse et quelquefois du fluor ou de l'eau.

Dans certains micas, la potasse est seule sans la lithine ; ceux dans lesquels entre la lithine ont en général des formes moins régulières. En somme, la classification des micas sous le rapport chimique n'est pas complète.

Le mica n'existe qu'à l'état cristallin ; mais les cristaux nets sont rares. Nous avons dit que la forme primitive était un prisme rhomboïdal droit sous l'angle de 120° ; on rencontre souvent le mica sous la forme de prismes à six faces très-aplatis (*fig.* 19, *pl.* III) et formant de petites tablettes. Souvent, ces prismes portent des modifications tangentes sur toutes les arêtes des bases (*fig.* 20, *pl.* III).

Nous avons vu que l'albite ou feldspath à base de soude se trouvait dans les granites relativement modernes, et que l'orthose ou feldspath à base de potasse existait dans les terrains anciens. C'est précisément dans ces granites anciens que l'on trouve le mica et il faut remarquer que ce minéral ne contient jamais de soude ; dans les granites postérieurs, le mica est remplacé par le talc que nous décrirons plus loin.

On distingue parmi les variétés de mica, le mica hémisphérique que l'on trouve dans le granite de Limoges ; les lamelles de mica sont des calottes sphériques se recouvrant les unes les autres.

A Baréges, on trouve le mica palmé dont les lamelles sont réunies de manière à simuler une feuille avec ses nervures.

La lépidolithe, beau minéral couleur lilas, est un mica qui se présente en masses que l'on peut décomposer en petites écailles ; elle renferme de la lithine.

Le mica se trouve surtout au sein des terrains anciens dans les granites, les gneiss et les micaschistes ; on le rencontre aussi dans des géodes au milieu des terrains volcaniques. Enfin, comme c'est un minéral des moins altérables, il a survécu à l'altération de certaines roches anciennes ; il a été entraîné par les courants et ces lamelles se sont déposées à plat sur des couches sédimentaires auxquelles elles forment comme une enveloppe. On rencontre de ces lames de mica jusque dans les terrains tertiaires.

TALC

Comme le mica, le talc comprend une famille de minéraux, qui sont ordinairement vert clair, dont le caractère spécial est d'être onctueux au toucher comme le savon ; le talc est infusible.

Chimiquement c'est un composé de silice, de magnésie et d'eau. Il y a deux sortes de talc pur : le talc lamelleux et le talc fibreux.

Le talc lamelleux, minéral blanc verdâtre, argentin et onctueux, donne une poussière blanche onctueuse ; il est très-tendre et se laisse rayer à l'ongle, possède un éclat gras nacré. Densité 2,57. Il a un plan de clivage très-facile et se débite en lames transparentes vert clair ; ces lames sont flexibles, mais non élastiques, ce qui les distingue du mica.

Le talc possède deux autres clivages moins faciles qui sont accusés par deux systèmes de stries parrallèles existant sur les lames.

Le talc fibreux est formé de longues fibres larges, soudées ensemble parallèlement les unes aux autres et faciles à séparer.

Les divers échantillons de talc pur (silicate de magnésie) diffèrent entre eux par la proportion d'eau ; la magnésie est quelquefois remplacée pour une faible proportion par son isomère, le protoxyde de fer, et moins souvent par un peu d'oxyde de nickel qui donne au minéral une couleur vert pomme.

Le talc se trouve en rognons dans les schistes talqueux, et en lamelles remplaçant le mica dans certains granites des Alpes appelés protogine.

Une variété de talc est la craie de Briançon qu'on rencontre en masses d'un blanc de lait, très-onctueuses et légèrement schisteuses, qui se laissent rayer à l'ongle. C'est un silicate de magnésie renfermant de l'eau et un peu d'oxyde de fer.

Un silicate de magnésie naturel est la serpentine, mais elle est plutôt à l'état de roche composée que de minéral.

AMPHIBOLE

Sous le nom d'amphibole on range trois espèces de minéraux qui, ayant même forme cristalline, présentent quelques différences dans leur composition et par suite dans leurs propriétés physiques.

Ces trois variétés sont :

1° l'amphibole trémolithe qui est blanche ;
2° l'amphibole actinote, qui est vert clair ;
3° l'amphibole hornblende, qui est noire et lamelleuse.

Amphibole blanche ou trémolithe. — C'est une variété que l'on trouve toujours pure ; mais elle est rare et on la rencontre disséminée dans les calcaires saccharoïdes et dans les roches schisteuses des terrains de transition.

Elle a pour forme un prisme rhomboïdal oblique (*fig.* 21, *pl.* III), dont les bases sont ordinairement modifiées par un biseau (*fig.* 22, *pl.* III) ; les clivages sont faciles parallèlement aux faces M. Densité 2,9.

Quelquefois un peu de graphite mélangé donne à la trémolithe une couleur grise.

On peut considérer la trémolithe comme un silicate double de chaux et de magnésie ; si 1 représente l'oxygène de la chaux, l'oxygène de la magnésie sera représenté par 3 et celui de la silice par 9 ($CaO, SiO^3 + 3 MgO, 2 SiO^3$).

La trémolithe cristallisée est l'exception ; on la rencontre le plus souvent en masses fibreuses, à éclat soyeux. Dans le Tyrol, on trouve une trémolithe en grosses fibres ou bâtons, d'où son nom de trémolithe bacillaire.

A côté de la trémolithe, il faut placer l'asbeste qui se présente en masses fibreuses déliées ; on peut même la séparer en fils soyeux susceptibles d'être tissés, qui constituent l'amiante. L'amiante dans l'antiquité avait une grande renommée ; on en faisait des toiles incombustibles (d'où le nom asbestes, incombustible), et dans ces toiles on brûlait les cadavres pour en recueillir les cendres. Dans les temps modernes on a cherché à en faire un papier incombustible.

L'asbeste ou amiante appartient tantôt à l'amphibole, tantôt au pyroxène ; ces deux minéraux ont une composition chimique peu différente, et dans plus d'un cas on est embarrassé pour les distinguer.

Il arrive quelquefois que les fibres de l'asbeste sont entremêlés et forment un feutre, ce qui donne un minéral mou et élastique cédant sous le doigt ; on l'appelle liège fossile, cuir de montagne.

On rapproche encore de l'amphibole trémolithe un minéral, que l'on doit regarder comme complexe, qui est plus ou moins verdâtre, très-dur et très-résistant, facile à polir et à aiguiser. C'est le jade que l'on connaît sous le nom de pierre des amazones, pierre de hache, pierre de la circoncision.

Amphibole verte ou actinote. — L'actinote est intermédiaire entre la trémolithe et la hornblende. La trémolithe est un silicate double de chaux et de magnésie (CaO, SiO^3 + 3 MgO, 2 SiO^3) ; dans la hornblende, la magnésie est en partie remplacée par du protoxyde de fer et la formule est (CaO, SiO^3 + 3 (Mg, Fe) O, 2 SiO^3) ; mais la transition ne se fait pas aussi brusquement, et l'on trouve des minéraux intermédiaires (actinote) dans lesquels le protoxyde de fer remplace à la fois un peu de chaux et de magnésie.

L'actinote est d'un vert végétal, à teinte claire ; elle est fusible en un verre peu coloré.

La grande différence de la trémolithe et de l'actinote consiste dans le gisement ; la trémolithe n'existe que dans les terrains calcaires, et l'actinote dans les schistes talqueux où on la trouve en cristaux très-allongés.

Amphibole noire ou hornblende. — La hornblende se trouve plus fréquemment en cristaux que la trémolithe ; toutefois, on en trouve rarement des cristaux nets ; on trouve plus souvent des masses fibreuses, et plus souvent encore des masses lamelleuses qui se clivent facilement et présentent des surfaces de clivage miroitantes.

La forme primitive de la hornblende est la même que celle de la trémolithe (*fig.* 22, *pl.* III). La hornblende est noire, opaque ; elle fond facilement et donne un émail noir ; densité 3,16 ; les acides l'attaquent difficilement.

Sa formule est, nous l'avons vu plus haut (CaO, SiO^3 + 3 (Mg, Fe) O, 2 SiO^3), c'est donc une amphibole ferrugineuse.

Beaucoup d'échantillons de hornblende renferment de l'alumine dans une proportion qui va jusqu'à 25 p. 100 ; on admet que le second terme de la formule est alors un alumino-silicate de fer et de magnésie, et cette formule s'écrit : CaO, SiO^3 + 3 (Mg, Fe) O, 2 (Si, al) O^3.

L'amphibole se trouve dans les gneiss, dans les schistes micacés, dans la syénite qui est un granite amphibolique, dans les diorites et dans les roches volcaniques anciennes et modernes.

PYROXÈNE

Le pyroxène comprend une famille de minéraux, souvent tellement distincts au point de vue de la composition chimique que longtemps on s'est refusé à les associer ; mais on reconnaît bien vite qu'ils ont entre eux un rapport intime, si l'on remarque qu'ils ont tous la même forme cristalline, que leurs cristaux ont le même angle.

Le pyroxène est un silicate double de chaux et de magnésie ; mais la chaux peut se trouver remplacée par le protoxyde de fer, et la magnésie elle-même par les protoxydes de fer et de manganèse. La formule type est (Ca, Mg) O, 2 SiO^3 ; elle correspond à ce que l'on appelle le diopside ; la base peut avoir les diverses formules (Ca, Fe) O ; (Ca, Mg, Fe) O qui correspond à l'augite (Fe, Mg) O ; (Ca, Mn) O, (Fe, Mn) O.

En réalité, il n'y a que deux espèces principales :

1° le pyroxène diopside, qui est à base de chaux et de magnésie ;
2° le pyroxène augite, qui est à base de chaux, oxyde de fer et magnésie.

En dehors de ces deux divisions, se trouvent les silicates de manganèse, qui appartiennent au pyroxène, vu leur composition, et dont les bases sont $(Ca, Mn) O$, et $(Fe, Mn) O$.

Diopside. — Le diopside est le pyroxène pur. Quelques échantillons sont blancs ; la plupart sont vert clair et transparents, quelques-uns ont une teinte verte assez foncée. C'est d'après ces teintes variées que l'on reconnaît les diverses espèces de diopside.

La forme primitive du diopside est un prisme rhomboïdal oblique ; et la forme la plus fréquente est un prisme rectangulaire surmonté d'un pointement qui offre de nombreuses facettes.

Le diopside a quatre clivages, dont deux faciles, parallèles aux faces latérales M du prisme rhomboïdal oblique.

On trouve de fort beaux cristaux de diopside, blancs et transparents dans la vallée d'Ala, en Piémont. Dans la mine d'argent de Sahla, en Norwége, se rencontre du diopside vert grisâtre, peu brillant, relativement tendre, et qui semble avoir subi un commencement de décomposition.

Dans beaucoup de cristaux de diopside à teinte verte, on voit cette teinte se dégrader peu à peu et passer au blanc.

Le diopside de Fassa se présente en cristaux d'un beau vert végétal ; d'autres échantillons sont vert foncé.

On connaît une autre variété qui existe en masses amorphes, opaques ou légèrement translucides, d'une couleur blanc verdâtre, à poussière blanche ; il semble que ce soit tout simplement du silicate de magnésie $MgO, 2 SiO^5$.

A Mussa, en Piémont, on trouve un diopside bacillaire, qui est composé de grandes baguettes plates d'un vert grisâtre.

Nous signalerons encore un diopside formé de grains plus ou moins gros, et un diopside compacte que l'on trouve dans les Pyrénées.

Augite. — L'augite, qui a même forme primitive que le diopside, se présente le plus souvent en prismes à six faces aplatis. Il est noir foncé, opaque, et fond en émail noir. Densité 3,3. L'augite renferme toujours un peu d'alumine.

Entre l'augite et le diopside, on place l'hypersthène, minéral en cristaux aplatis et même en masses lamelleuses, qui se confond avec le pyroxène par la forme cristallographique. Il renferme de la silice, de la chaux, de la magnésie, des protoxydes de fer et de manganèse, avec un peu d'alumine. Il se distingue des autres variétés de pyroxène en ceci que, mélangé à l'albite il forme des roches considérables qui sont dénuées de quartz.

Le pyroxène et l'amphibole se ressemblent beaucoup ; mais ils n'ont pas les mêmes gisements. Le diopside ne se rencontre qu'en filons au milieu de divers terrains ; l'augite forme des roches porphyriques et surtout des roches volcaniques : mélaphyres, basaltes, trapps. La hornblende se trouve bien aussi dans les terrains volcaniques, mais surtout dans les terrains volcaniques anciens.

Une chose assez remarquable est que le pyroxène se produit artificiellement, dans les scories de certains hauts fourneaux.

Argile. — L'argile n'est vraiment un minéral qu'à l'état de kaolin. Le plus souvent c'est une roche composée, dont nous aurons lieu de parler plus loin.

QUELQUES MINÉRAUX USUELS

Avant d'abandonner ce chapitre, il nous semble utile de passer rapidement en revue quelques minéraux dont les noms se rencontrent souvent dans la pratique, bien qu'ils ne soient pas inscrits à notre programme :

Diamant. — Ce minéral est du carbone pur, le plus dur des minéraux. Il cristallise dans le premier système ; sa forme ordinaire est l'octaèdre régulier.

Sel gemme. — Facile à reconnaître par sa saveur. Forme ordinaire : le cube. On le trouve à l'état fibreux. Il en existe des mines considérables, surtout en Allemagne, Pologne et Russie ; il se présente en masses stratifiées dans le terrain du trias et surtout dans les marnes irisées. Il y forme d'immenses lentilles de plusieurs kilomètres de longueur, c'est ainsi qu'il existe en France, à Château-Salins. On en trouve encore dans les terrains tertiaires, à Bex, en Suisse, à Salzbourg, à Orthez, dans les Pyrénées, etc.

Corindon. — Les variétés de corindon sont de l'alumine tantôt pure, tantôt mélangée d'oxyde de fer, de chaux, de silice, de magnésie. On en trouve d'un beau rouge rubis, ou d'un bleu saphir. Il existe à l'état granulaire et fournit l'émeri, poudre dure avec laquelle on taille le verre.

Grenats. — Les grenats sont des silicates d'alumine et de chaux. L'alumine peut s'y trouver en partie remplacée par son isomorphe le peroxyde de fer, et la chaux par les protoxydes qui lui sont isomorphes. Les grenats ont des couleurs variées ; il y en a de verts, d'autres rouge violet (Tyrol et Oural), d'autres très-foncés et presque noirs (mélanite des Pyrénées), d'autres couleur émeraude, parce qu'ils renferment du chrome ; enfin, le grenat existe aussi en roches compactes. On le rencontre épars dans presque toutes les roches cristallines.

Émeraude. — Pierre précieuse, lorsqu'elle est parfaitement transparente et d'une belle couleur verte ; lorsqu'elle a la teinte vert d'eau, on la rencontre plus fréquemment dans les montagnes granitiques. Les émeraudes transparentes et légèrement colorées en vert d'eau s'appellent aigue-marine et béryl. Chimiquement, on peut dire que ce sont des silicates doubles d'alumine et de glucine, avec un peu de protoxyde de fer. Les plus belles émeraudes viennent du Pérou.

Chlorites. — Les chlorites sont des minéraux cristallisés d'une belle couleur verte, comme leur nom l'indique, on les trouve dans la dolomie et dans l'asbeste du Saint-Gothard. C'est un minéral tendre, onctueux, flexible, mais non élastique, qui renferme de la silice, de l'alumine, de la magnésie et du peroxyde de fer.

Péridot. — Le péridot est un minéral cristallisé, connu depuis longtemps, et que l'on trouve au Vésuve en assez grande quantité. Sa couleur est vert olive clair, tournant quelquefois au jaune d'or. Le péridot est infusible ou très-difficilement fusible. Il est formé de silice, de magnésie et de protoxyde de fer, avec des proportions minimes de protoxydes de manganèse et de nickel.

Topaze. — La topaze cristallisée est une pierre précieuse d'un jaune caractéristique, et parfaitement transparente. La teinte jaune varie de l'orange à la teinte de vin ; on trouve quelquefois des topazes bleuâtres ou verdâtres. La topaze, portée à une température élevée, ce qu'on appelle la topaze brûlée, passe au rouge violet et prend une teinte vive. La topaze est composée de silice, d'alumine et d'acide fluorique. On la trouve à l'état de cailloux roulés dans les alluvions aurifères du Brésil, et dans certains terrains anciens.

Spinelle. — Le spinelle est un aluminate de magnésie, dans lequel la magnésie peut se trouver partiellement remplacée par du protoxyde de fer. Parmi les spinelles, on range le rubis spinelle (rouge ponceau vif), le rubis balais (rose violacé), le candite et le ceylanite qui sont d'un noir ou d'un vert foncé.

Succin. — Le succin ou ambre jaune se trouve au milieu des lignites ; il renferme de l'acide succinique à qui il doit son odeur. Il est formé par le mélange d'une huile volatile, de deux résines, d'acide succinique et d'un bitume insoluble. C'est une résine fossile fournie par un arbre dont les parties végétales se sont transformées en lignite.

Le succin est un exemple de matières organiques constituant des minéraux : nous citerons encore ce qu'on appelle le suif de montagne, corps gras ($C^{10} H^{10}$) qui semble dû à la décomposition d'essences fossiles.

Bitumes. — De même les bitumes sont engendrés par la décomposition de substances organiques. Les plus importantes sont : 1° l'huile de naphte, qu'on trouve au milieu de grès argileux et calcaires appartenant au terrain tertiaire moyen. On la recueille dans les Pyrénées, en Italie et surtout en Perse, et on la retire au moyen de puits ; 2° l'huile de pétrole, qui se trouve souvent au milieu des combustibles fossiles et quelquefois dans des terrains volcaniques où il existe des sources de pétrole ; elle est plus colorée et plus épaisse que l'huile de naphte ; on en trouve en France à Gabian, dans le Languedoc, au Puy de la Poix, en Auvergne ; 3° l'asphalte qui est un mélange d'huile, de charbon et de résine, sur lequel nous reviendrons plus tard. La mer Morte en fournit de grandes quantités qu'on appelle bitume de Judée.

COMBUSTIBLES MINÉRAUX

Parmi les combustibles minéraux, il y en a de liquides, tels que les huiles de naphte et de pétrole, dont nous avons parlé plus haut ; ils servent surtout à l'éclairage, toutefois on a tenté dans ces derniers temps de les brûler dans le foyer des locomotives, l'essai a réussi ; mais nous croyons qu'il n'a pas été répété.

Les bitumes sont aussi des combustibles minéraux, mais fort imparfaits. En somme, il y a deux grandes classes de combustibles fossiles dont l'usage est général :

1° L'anthracite et la houille, qui sont des combustibles anciens que l'on trouve dans les terrains antérieurs à la craie ;

2° Les lignites et la tourbe, combustibles moins parfaits que les précédents, qui sont de formation postérieure à la craie et qui aujourd'hui encore prennent naissance sous nos yeux.

Nous étudierons ces divers minéraux dans l'ordre de leur ancienneté.

Anthracite. — L'anthracite (du grec *anthrax*, charbon) est une houille fort ancienne ; la houille est le résultat de la carbonisation de végétaux qui recouvraient le sol à certaines époques. Dans l'anthracite, la décomposition de l'organisme végétal est pour ainsi dire complète ; les principes volatils que le bois renferme ont presque complétement disparu, et la teneur en charbon dépasse 90 p. 100.

On ne trouve plus trace dans l'anthracite de la conformation végétale ; c'est un corps homogène, possédant un éclat vitreux très-vif et sa cassure est nette sans être lamelleuse comme celle de la houille.

C'est du moins ce qu'on remarque dans les anthracites anciennes.

On en rencontre de mélangées à la houille ; et, dans la masse, on passe par gradations insensibles de la houille à l'anthracite ; l'aspect dépend peut-être de la différence des végétaux qui se sont carbonisés en tel ou tel endroit.

Mais il est aussi probable qu'en plus d'un cas l'anthracite est une houille métamorphique ; des roches volcaniques en fusion, des filons quelconques ont pénétré dans le terrain houiller et s'y sont solidifiés en abandonnant beaucoup de chaleur et en faisant subir à la houille un commencement de distillation qui a eu pour effet de chasser une partie des substances volatiles et par suite d'augmenter la proportion de carbone. Ce phénomène a été remarqué en plus d'un endroit, par exemple à La Mure en France.

Nous aurons lieu de revenir plus loin sur la composition chimique de l'anthracite.

Au-dessus de l'anthracite, nous devons placer un minéral, le graphite, qui renferme 95 à 96 p. 100 de carbone. On l'a pris longtemps pour du carbone natif, mais on y rencontre des empreintes végétales et il faut le regarder comme une transformation métamorphique très-énergique de la houille, car il est constamment cristallin. Il est gris métallique, doux et onctueux, s'égrène facilement et donne la mine de plomb, avec laquelle on fabrique les crayons Conté.

Certains graphites renferment un peu de fer, mais le fait est accidentel. Le graphite se trouve en beaucoup d'endroits, mais en petites quantités, dans les terrains de transition, et souvent il enduit d'une couche tachante les gneiss et les micaschistes. Il existe sous forme de veines que l'on trouve en France, aux environs de Napoléonville et près de Briançon au col du Chardonnet.

HOUILLES

Les houilles se trouvent dans le terrain houiller auquel elles ont donné leur nom et qui est de formation antérieure à la craie.

Les couches différentes sont très-nombreuses et très-variables d'épaisseur et de composition, elles sont entremêlées d'argiles, de sables et quelquefois de pyrites de fer.

Les couches de houille sont, comme nous l'avons vu en géologie, fort irrégulières, il s'y trouve souvent des failles ; elles ont été remuées, tourmentées et brisées.

On n'exploite que les couches qui ont plus de $0^m,50$ d'épaisseur ; l'épaisseur va en croissant avec la profondeur.

Gisement. — Voici l'étendue des bassins houillers exploités dans les diverses contrées :

Amérique du Nord.	5,000,000 kilomètres carrés.	
Angleterre.	13,000	—
France.	2,500	—
Belgique.	1,275	—
Prusse rhénane.	2,400	—
Westphalie, Saxe et Bohème.	2,000	—
Asturies d'Espagne.	500	—
Russie.	250	—

Les houilles belges sont d'excellente qualité : elles proviennent de trois bassins : 1° le bassin de Mons ; 2° le bassin du centre, à l'est du précédent ; 3° le bassin de Charleroi, contigu à celui du centre.

Les bassins français sont : 1° le bassin de Valenciennes, où l'on trouve Anzin,

Aniche, Vicoigne, etc. ; 2° le bassin de Calais, d'exploitation récente (Lens, Bully-Gruai) ; 3° les nombreux bassins du centre de la France, parmi lesquels on distingue celui de Saint-Étienne, et ceux d'Autun, de Blanzy, du Creusot, de Decize, etc. ; 4° les bassins du Midi, en tête desquels il faut placer Aubin et Decazeville dans l'Aveyron, et Alais dans le Gard.

L'Angleterre est le pays d'Europe le plus riche en houille. La houille est souvent mélangée à du carbonate de fer, et la fabrication du fer peut alors s'effectuer à très-bon marché.

La production annuelle est, en 1870 :

Pour l'Angleterre de.	98 millions de tonnes.	
Pour la Confédération allemande.	20	—
Pour la France.	12	—
Pour la Belgique.	12	—
Pour l'Autriche et la Bohême.	3	—
Pour l'Espagne.	400,000 tonnes.	

On voit d'après ces chiffres, que la consommation de la houille est considérable ; on calcule que les gisements anglais seront épuisés dans cent ans ; mais d'ici là, probablement on trouvera d'autres producteurs de chaleur et du reste il existe en Asie (surtout en Chine), en Amérique et en Australie des provisions considérables de houille auxquelles on n'a pas encore touché.

Caractères physiques de la houille. — La couleur de la houille est en général d'un beau noir, dit noir de velours. Densité variable de 1,16 à 1,6 suivant la compacité et l'ancienneté — poussière noire. Les houilles sont peu dures, fragiles et présentent une cassure lamelleuse.

On les divise en houilles sèches, houilles grasses et houilles maigres.

Dans une masse de houille, on voit que les diverses couches sont séparées par des feuillets de constitution spéciale, suivant lesquels les morceaux se détachent toujours. Ces feuillets sont formés de fibres, dans lesquels le microscope permet de reconnaître des éléments de végétaux fossiles ; ils ont quelquefois une certaine épaisseur et sont formés d'anthracite presque pure. Lorsque le nombre en est considérable dans une houille, ils forment sur les côtés de chaque morceau une série de stries ; la houille est alors très-friable et il arrive des cas où on ne peut l'exploiter qu'en petits morceaux. Ces houilles sont alors analogues à l'anthracite, elles s'allument et brûlent difficilement, sans donner de flamme ; elles ne se ramollissent pas et ne se soudent pas dans le foyer. Ce sont des houilles sèches ; on reconnaît à l'analyse que ces houilles sont plus riches que les autres en carbone et moins riches en azote, hydrogène et oxygène. Les houilles sèches ne renferment donc que fort peu de bitume, et c'est le bitume qui donne aux houilles grasses leurs propriétés. La houille sèche, se rapprochant de l'anthracite, est de couleur plus claire que la houille grasse, elle est gris d'acier. Souvent elle renferme des pyrites de fer et donne en brûlant une odeur infecte ; on ne peut alors l'employer au travail des hauts fourneaux, elle donne beaucoup de cendres et on la réserve pour la fabrication de la chaux. A moins que la houille sèche ne renferme beaucoup de ces feuillets fibreux dont nous avons parlé plus haut, et qui lui donnent une cassure feuilletée, elle présente plutôt une cassure conchoïde qu'elle doit à sa compacité. La meilleure houille sèche vient de Mons et d'Anzin.

La houille grasse a une texture feuilletée ; elle est formée d'une quantité de petites assises, les unes brillantes et compactes, les autres ternes et tachantes. Ces parties ternes se comportent comme la houille sèche et brûlent sans flamme ; les parties brillantes au contraire, sont imprégnées de bitumes ou de substances volatiles et brûlent avec flamme, elles s'allument facilement. Suivant la proportion des couches compactes et des couches pulvérulentes, la houille est plus ou moins grasse. Ce qui caractérise la houille grasse, c'est de brûler assez facilement et de brûler avec flamme. La houille grasse, dont les morceaux se soudent le mieux pendant la combustion, s'appelle en France, houille maréchale parce qu'elle convient très-bien aux travaux de forge. On la trouve à Newcastle, à Saint-Étienne, à Alais. Ce qui distingue la houille grasse, c'est la couleur noir de velours.

Il ne faut pas croire que tel bassin donne exclusivement de la houille grasse et tel autre de la houille sèche ; la qualité dépend surtout de la couche exploitée ; et la houille devient de plus en plus sèche c'est-à-dire anthraciteuse, à mesure que l'on descend plus profondément dans le bassin. Quelquefois, on rencontre des variations dans une même couche, mais c'est qu'alors cette couche a été soumise à des influences métamorphiques.

La troisième classe de houille est ce qu'on appelle la houille maigre, qui est moins noire que la houille grasse et qui par ce fait ressemblerait à la houille sèche ; mais elle s'en distingue par la longue flamme qu'elle produit à la combustion. La houille maigre est très-riche en gaz, elle ne renferme pas ces produits bitumineux qui donnent à la chaux grasse ses propriétés collantes ; elle convient parfaitement à la fabrication du gaz d'éclairage, mais elle donne un coke qu'on ne peut guère utiliser à cause de son peu de cohérence. La houille maigre à cause de sa longue flamme rend de grands services dans plus d'une opération métallurgique et dans le chauffage des appareils à vapeur. On la trouve en Angleterre, dans le Lancashire et à Blanzy, en France.

Formation des houilles. — Les fossiles du terrain houiller nous ont montré que la houille était due à la décomposition d'une grande masse de végétaux. Nous avons vu les différents types de ces végétaux dont on retrouve les empreintes non-seulement dans la houille mais encore dans les argiles et dans les roches du terrain carbonifère.

On s'est quelquefois imaginé que les dépôts de charbon de terre étaient dus à la carbonisation de végétaux transportés par des courants violents et déposés au milieu d'eaux tranquilles. C'est ainsi que de nos jours, nous voyons les grands fleuves de l'Amérique, le Mississipi, les Amazones, charrier d'immenses radeaux de troncs d'arbres arrachés aux rives : cette masse flottante se dépose dans l'Océan à une certaine distance de l'embouchure et doit se carboniser au fond des eaux.

Mais cette cause n'a pas assez de puissance pour expliquer à elle seule la formation des bassins houillers, et du reste elle est en contradiction avec l'aspect de ces bassins. On y remarque que les troncs d'arbre y sont presque toujours debout, et ne présentent point cette confusion, cet enchevêtrement, ce bouleversement qui règne dans les masses flottantes dont nous parlions plus haut.

D'après cela, nous devons dire que la houille est due à une végétation puissante ensevelie sur place.

A l'époque où cette végétation existait, la croûte solide de la terre était très-mince et la chaleur intérieure devait maintenir à la surface une température uniforme et assez élevée. Il existait dans l'atmosphère des masses énormes de vapeur d'eau et d'acide carbonique ; or, les plantes se nourrissent avec l'humidité et l'acide carbonique ; leur développement devait donc être rapide et considérable. Parmi les plantes de cette époque, on trouve des plantes d'organisation imparfaite, à croissance rapide, telles que les cryptogames, les mousses, les prêles et les fougères, avec quelques palmiers.

Les couches végétales s'accumulaient au pied de ces forêts immenses, puis arrivait un mouvement de l'écorce terrestre, peu résistante alors, et la forêt s'engloutissait ou devenait marécage ; une couche d'argile se reformait peu à peu, la végétation reprenait son cours pour former une nouvelle couche de débris organiques.

Peu à peu, la température élevée, la pression des couches supérieures carbonisait tous ces débris et les comprimait en masses d'autant plus compactes que la couche était plus profonde.

Tel est le mécanisme de la formation de la houille. M. L. Figuier, dans son livre intitulé *la Terre avant le déluge*, l'explique fort bien et nous croyons devoir lui emprunter les lignes suivantes :

Mode de formation des couches de houille. — La houille n'est autre chose que le résultat de la décomposition partielle des plantes qui couvraient la terre pendant une période géologique qui a été d'une durée immense.

Personne aujourd'hui ne met cette origine en doute. On trouve fréquemment, dans les mines de houille, de menus débris de ces plantes mêmes dont les troncs et les feuilles caractérisent le terrain houiller ou carbonifère. Plus d'une fois on a rencontré, au milieu d'un banc de houille, d'immenses troncs d'arbres. Le sol en s'enfonçant les a plongés sous l'eau, des terres les ont plus tard recouverts, et leur tronc s'est conservé tout entier avec ses racines.

C'est ce que l'on a vu, par exemple, dans la mine de houille du Treuil, à Saint-Étienne.

En Angleterre, dans l'Amérique du Nord, on a trouvé de même des arbres entiers traversant les couches de houille, ou qui leur étaient superposés.

« Dans la houillère de Parkfield-Colliery, dit M. Lyell, dans le Straffordshire méridional, on a mis à découvert, en 1854, sur une surface de quelques centaines de mètres, une couche de houille qui a fourni plus de soixante-treize troncs d'arbres garnis encore de leurs racines. Quelques-uns de ces troncs mesuraient plus de 3 mètres de circonférence, leurs racines formaient en partie une couche de houille épaisse de 25 centimètres, reposant sur un lit d'argile de 50 millimètres, au-dessous duquel était une seconde forêt superposée à une bande de houille de 60 centimètres à $1^m,50$; au-dessous existait une troisième forêt avec de gros troncs de *lepidodendrons*, de *calamites* et d'autres arbres. »

Dans la baie de Fundy (Nouvelle-Écosse), M. Lyell a trouvé, sur une épaisseur de houille de 400 mètres, 68 niveaux différents, présentant les traces évidentes de plusieurs sols de forêts dont les troncs d'arbres étaient encore garnis de leurs racines.

Nous chercherons à établir ici avec beaucoup de soin la véritable origine géologique de la houille, afin de ne laisser aucun doute dans l'esprit de nos lecteurs sur une question aussi importante.

Pour expliquer la présence de la houille au sein de la terre, il n'y a que deux hypothèses possibles. Ces dépôts carbonifères peuvent résulter de l'enfouissement de plantes qui auraient été amenées de loin et transportées par les fleuves ou les courants maritimes, en formant comme d'immenses radeaux, qui seraient venus s'échouer en différents lieux, et auraient été plus tard recouverts par des terrains nouveaux ; ou bien les plantes qui composent la houille sont nées sur place : elles résulteraient, dans cette seconde hypothèse, de la décomposition, accomplie sous terre, d'une masse accumulée de végétaux qui sont nés et qui ont péri dans les lieux mêmes où on les trouve.

Examinons chacun de ces deux systèmes d'explication.

Les couches de houille peuvent-elles résulter du transport par les eaux et de l'enfouissement d'immenses radeaux formés de troncs d'arbres? Cette idée a contre elle la hauteur énorme qu'il faudrait supposer à ces radeaux pour en faire des couches de houille aussi épaisses que celles dont les lits successifs composent nos mines de charbon. Si l'on prend, en effet, en considération le poids spécifique du bois, et son contenu en carbone, on trouve que les dépôts houillers actuels ne peuvent être que les 7 centièmes environ du volume primitif du bois et autres matières végétales qui leur ont donné naissance. Si l'on tient compte, en outre, des nombreux vides résultant nécessairement d'un entassement irrégulier de débris dans le radeau supposé, on reconnaît que la houille, qui a été formée par des plantes d'un poids spécifique peu considérable, ne peut guère représenter que les 5 centièmes de l'épaisseur du radeau hypothétique qui aurait produit cette même houille. Une couche de charbon de terre de 5 mètres d'épaisseur, par exemple, aurait exigé, d'après cela, un radeau d'une épaisseur de 95 mètres. De tels radeaux ne pourraient flotter ni dans nos rivières, ni dans une grande partie de nos mers, par exemple dans la Manche, ni sur la côte orientale de l'Amérique du Sud, etc. D'ailleurs, ces accumulations de bois n'auraient jamais pu s'arranger assez régulièrement pour former ces couches de charbon parfaitement stratifiées et d'une épaisseur égale sur des étendues de plusieurs kilomètres, que l'on voit dans la plupart des gisements houillers se succéder par superposition, séparées par des bans de grès ou d'argile. Et même en admettant une accumulation lente et graduelle de débris végétaux, comme cela peut arriver à l'embouchure des fleuves, les végétaux n'auraient-ils pas été alors noyés dans une grande quantité de limon et de terre? Or, dans la plupart des couches de houille, la proportion des matières terreuses ne dépasse pas 15 p. 100. Si nous invoquons enfin le parallélisme remarquable que l'on observe dans les différents lits du terrain houiller, et la belle conservation qu'on y admire des empreintes des parties végétales les plus délicates, il restera démontré que ces formations se sont opérées avec une tranquillité parfaite. Nous sommes donc forcé de conclure que la houille résulte de la fossilisation des végétaux opérée sur place, c'est-à-dire dans les lieux mêmes où ces végétaux ont vécu.

Pour comprendre entièrement le phénomène de la transformation en houille des forêts et des plantes herbacées qui remplissaient les marécages de l'ancien monde, il est une dernière considération à présenter. Pendant la période houillère, l'une des plus anciennes de l'histoire du globe, la croûte terrestre, alors à peine consolidée ne formait qu'une enveloppe très-élastique, en raison de son immense étendue, et qui reposait sur la masse liquide intérieure. Cette croûte élastique était agitée par des mouvements alternatifs d'élévation et d'abaissement de la masse liquide interne, qui était soumise encore, comme le sont nos mers actuelles, à l'attraction lunaire, ce qui donnait naissance à des sortes de marées souterraines, pouvant produire, à des intervalles plus ou moins éloignés, des affaissements du sol. C'est peut-être par un de ces affaissements du sol que les forêts et les grandes masses végétales de l'époque houillère se trouvaient submergées, et que les herbes et arbustes, après avoir couvert un certain temps la surface de la terre, finissaient par être noyés sous les eaux. Après cette submersion, de nouvelles forêts se développaient dans le même lieu et sur le même sol. Par un nouvel affaissement, ces forêts s'enfonçaient à leur tour sous les

eaux. C'est probablement par la succession de ce double phénomène : l'enfouissement des plantes et le développement sur le même terrain de masses végétales
nouvelles, que les énormes amas de plantes à demi décomposées qui constituent
la houille se sont accumulés pendant une longue série de siècles.

La houille a-t-elle été produite par de grands végétaux, par exemple, par les
grands arbres des forêts de cette époque, tels que les lepidodendrons, sigillarias,
calamites et sphenophyllums? Cela est peu probable. Plusieurs dépôts houillers
ne contiennent aucun vestige des grands arbres de la période houillère, mais
seulement des fougères herbacées et autres plantes de petite taille. La grande
végétation a donc été à peu près étrangère à la formation de la houille, ou, du
moins, elle n'a joué dans cette fossilisation qu'un rôle accessoire. Il y avait pendant la période houillère, comme de nos jours, deux végétations simultanées :
l'une formée d'arbres de haute futaie ; l'autre herbacée, aquatique, se dévelop-
pant sur des plaines marécageuses. C'est cette dernière végétation qui a surtout
fourni la matière de la houille, de même que ce sont les plantes herbacées des
marais qui alimentent nos tourbières actuelles, cette sorte de houille contem-
poraine.

Quel genre de modifications ont dû subir les végétaux de l'ancien monde, pour
arriver à cet état de masse charbonneuse et chargée de bitume qui constitue la
houille?

Les plantes submergées durent présenter d'abord une masse légère et spon-
gieuse, complétement analogue à la tourbe actuelle de nos terrains marécageux.
En séjournant sous les eaux, ces masses végétales y subirent une pourriture partielle, une fermentation, dont les diverses phases chimiques sont mal aisées à
définir. Ce qu'on peut affirmer toutefois, c'est que la décomposition, la fermentation des tourbes de l'ancien monde, s'accompagna de la production de beaucoup de carbures d'hydrogène, gazeux ou liquides.

Telle est l'origine des carbures d'hydrogène, qui imprègnent la houille, et
celle des huiles goudronneuses dont sont pénétrés les schistes bitumineux. Cette
émission de gaz hydrogène bicarboné dut même se continuer après l'enfouissement des couches de tourbe sous les terrains qui vinrent les recouvrir.

C'est la pression et le poids de ces terrains qui ont donné à la houille la densité considérable qui la distingue, et son état de forte agrégation. La chaleur
émanée du foyer intérieur du globe, et qui se faisait encore sentir à sa surface,
dut aussi exercer une grande influence sur le résultat final. C'est à ces deux
causes, c'est-à-dire à la pression et au plus ou moins grand échauffement par le
foyer terrestre central, que l'on doit attribuer les différences qui existent dans
la nature minéralogique des différentes houilles, à mesure que l'on s'élève de la
base du terrain houiller vers les dépôts supérieurs. Les couches inférieures sont
plus sèches et plus compactes que les supérieures, parce que leur minéralisation
a été complétée sous l'influence d'une température plus élevée, et en même temps
d'une pression plus forte.

Une expérience qui a été tentée pour la première fois, en 1833, à Saint-Bel,
reprise ensuite par M. Cagniard de la Tour, et qui a été complétée à Saint-Etienne,
en 1858, met tout à fait en évidence le mode de formation de la houille : on a
réussi à produire artificiellement de la houille très-compacte en exerçant sur du
bois et autres matières végétales la double influence de la chaleur et de la
pression.

L'appareil imaginé par M. Baroulier permet d'exposer des matières végétales,
enveloppées d'argile humide et fortement comprimées, à des températures long-

emps soutenues, comprises entre 200° et 300°. Cet appareil, sans être absolument clos, met obstacle à l'échappement des gaz ou des vapeurs, de sorte que la décomposition des matières organiques s'opère dans un milieu saturé d'humidité, et sous une pression qui s'oppose à la dissociation des éléments dont elles se composent. En plaçant dans ces conditions de la sciure de bois de diverse nature, on a obtenu des produits dont l'aspect et toutes les propriétés rappellent tantôt les houilles brillantes, tantôt les houilles ternes. Ces différences tiennent d'ailleurs aux conditions de l'expérience, ou à l'essence du bois employé ; aussi paraissent-elles expliquer la formation des houilles *striées*, ou composées d'une succession de veinules alternativement éclatantes et mates.

Quand on comprime des tiges et des feuilles de fougère entre des lits d'argile ou de pouzzolane, elles se décomposent par cette seule pression, et forment sur ces blocs un enduit charbonneux et des empreintes tout à fait comparables aux empreintes végétales des blocs de houille.

Ces dernières expériences, qui ont été faites pour la première fois par un physicien anglais, M. Tyndall, nous font comprendre le mode de formation de la houille aux dépens des végétaux de l'ancien monde. »

Composition chimique de la houille. — Les principes immédiats de la houille sont les mêmes que ceux des végétaux qui lui ont donné naissance.

Si l'on traite les charbons gras par l'alcool, l'éther et le chloroforme, on leur enlève des huiles odorantes. Les mêmes dissolvants n'enlèvent rien aux charbons maigres.

On trouve dans ce fait l'explication de la manière dont ces deux classes de houilles se conduisent au feu.

L'analyse des houilles ne peut donner des résultats constants dans un bassin, ni même dans une couche particulière, et cela se conçoit quand on réfléchit à la variété d'éléments végétaux qui ont produit la houille et à la proportion variable de matières minérales étrangères qui s'y sont mêlées. On ne peut donner que des moyennes et c'est ce qu'ont fait en France MM. Regnault et de Marsilly, ingénieurs des mines, et voici la moyenne générale qui résulte de leurs travaux :

	CARBONE	HYDROGÈNE	AZOTE	OXYGÈNE	SOUFRE	CENDRES
1° Cendres comprises.	79,3	4,8	0,8	7,8	1,7	5,55
2° Déduction faite des cendres.	84,0	5,1	0,8	10,1		»
Ou en nombres ronds. . . .	84,0	5,0	1,0	10,0		»

La quantité de cendres fournie est excessivement variable ; on trouve dans les cendres de l'oxyde de fer, de l'alumine, de la chaux, de la silice, de l'acide sulfurique, du soufre et de ses composés. A ces corps se joignent quelquefois le chlore, l'acide phosphorique, la magnésie, la potasse et la soude. On y trouve exceptionnellement quelques métaux : Titane, plomb, zinc, cadmium, nickel, arsenic et antimoine.

Ces renseignements sur les cendres de houille, nous sont fournis par la chimie technologique de MM. Debize et Mérijot, ingénieurs des manufactures de l'État, auxquels nous empruntons le paragraphe suivant relatif aux houilles pyriteuses :

Houilles pyriteuses. — « La présence de la silice et de l'alumine dans les cendres de houilles, ainsi que ce fait que les alcalis s'y retrouvent combinés à la silice, démontrent que les masses de houille ont été soumises aux infiltrations des schistes qu'on rencontre si fréquemment dans les gisements de houille. A ces éléments, s'est ajouté, également par voie d'infiltration, le sulfure de fer. Dans l'acte de la combustion de la houille, ce sulfure se transforme en oxyde de fer que l'on retrouve dans les cendres. Il suit de là que la couleur rouge des cendres dénote une teneur en soufre élevée, tandis que la couleur grise ou blanche est une preuve du contraire. C'est à la présence du sulfure de fer que beaucoup de houilles doivent de se déliter lorsqu'on les expose à l'air. Il se forme du sulfate de fer, qu'on retrouve souvent en abondance dans les eaux des mines, du sulfate basique en flocons jaunes et un alun ferrugineux qui s'effleurit. Beaucoup de houilles, en se délitant ainsi, se réduisent complétement en poussière ; pour d'autres, surtout quand elles sont en tas, la température va en s'élevant quelquefois jusqu'à produire la combustion de la masse.

Une proportion trop grande de pyrites dans la houille est une source d'inconvénients graves pour les barreaux des grilles et les autres parties des foyers. Les pyrites dégagent en effet au feu des vapeurs de soufre qui, au contact des barreaux chauffés au rouge, donnent naissance à du monosulfure de fer très-fusible. Quelquefois, cette attaque est assez considérable pour que le sulfure forme des sortes de stalactites à la partie inférieure des grilles. Dans certaines circonstances, l'oxyde de fer provenant des pyrites de houille donne lieu à une forte proportion de laitier, en se combinant avec la chaux des cendres et la petite quantité d'alcalis qu'elles renferment. Beaucoup de cendres deviennent alors complétement liquides, d'autres se ramollissent jusqu'à devenir collantes et à s'agglomérer.

Cette manière dont les cendres se comportent a dans la pratique une grande importance ; les cendres collantes ont en effet l'inconvénient d'encrasser les grilles, de réduire le tirage et de nuire à la marche du feu. En général, une houille est donc, toutes choses égales d'ailleurs, d'autant meilleure que ses cendres sont moins collantes. Ce n'est que dans des cas exceptionnels, comme pour les houilles du sud du pays de Galles que cette propriété peut être utile, en permettant d'utiliser certaines houilles maigres et de peu de valeur. Ces houilles ne se brûlent pas en effet sur des grilles à travers lesquelles elles tamiseraient, mais sur une couche de 30 à 40 centimètres de cendres agglomérées dont les vides et les boursouflures laissent encore à l'air une circulation suffisante. »

Modifications que subit la houille exposée à l'air. — La houille exposée à l'air abandonne les substances volatiles dont elle est imprégnée, et non-seulement les substances gazeuses mais encore les huiles qui rendent la houille collante. Ces modifications, fort importantes au point de vue pratique, ont été étudiées par M. l'ingénieur de Marsilly et exposées par lui dans un mémoire présenté à l'Académie des sciences, mémoire dont nous extrayons les lignes suivantes :

« 1° La houille, quand elle est récemment extraite, subit un commencement de décomposition à une température inférieure à 100° ; elle dégage du gaz et de l'eau mêlée d'huiles carburées ; le dégagement ne devient abondant qu'au delà de 100° et continue jusqu'à une température de 330°, et probablement même au delà jusqu'au point où la décomposition de la houille devient complète.

2° Les houilles qui proviennent de mines à grisou dégagent de l'hydrogène carboné ; celles qui proviennent de mines où il n'y a point de grisou n'en dégagent point ; les gaz qu'elles donnent consistent principalement en azote.

Cette dernière conséquence est curieuse, elle donne à l'ingénieur des mines un moyen de reconnaître a *priori* si la veine dont il va commencer l'exploitation produira du grisou.

Il était naturel de penser, d'après les faits que je viens d'exposer, que certaines houilles, sinon toutes les houilles, perdaient quelques-uns de leurs principes par leur exposition à l'air ; c'est ce que l'expérience est venue confirmer.

On sait que dans les mines à grisou le gaz se dégage de la houille ; c'est dans les déblais souvent que la production de gaz est la plus abondante.

J'ai mis en évidence le dégagement spontané du gaz hydrogène carboné de la manière suivante :

Deux gros morceaux de houille de Bellevue, extraits depuis six jours environ et arrivés directement de la fosse, ont été pulvérisés rapidement ; la poussière a été placée dans un grand vase que l'on a recouvert d'une cloche de forme conique ; au bout de 12 heures, en enlevant la cloche, approchant une allumette enflammée et renversant, il se produisait une flamme longue et éclairante.

J'ai répété l'expérience avec le même succès sur des charbons de Ferrand et de l'Agrappe (bassin de Mons).

Quand ces charbons avaient été plusieurs jours exposés à l'air, il ne se dégageait plus de gaz inflammable.

Quand cette exposition dure plusieurs mois, on ne retire plus de gaz hydrogène carboné même en chauffant la houille jusqu'à 300°.

Ainsi, 500 grammes de houille du nord du bois de Boussu, ont été réduits en poussière et laissés cinq mois exposés à l'air ; au bout de ce temps, chauffés au bain d'huile jusqu'à 300°, il s'est dégagé du gaz, mais ce gaz n'était pas inflammable.

Des expériences semblables faites sur les charbons gras de Bellevue et d'Élonges ont donné le même résultat ; le charbon frais donnait du gaz inflammable, le charbon vieux n'en donnait point.

Il n'y a pas seulement que le gaz hydrogène carboné qui se dégage par l'exposition à l'air ; la houille perd encore en partie le principe gras qui détermine la formation du coke lors de la calcination.

Tous les fabricants de coke attachent une grande importance à n'employer que des charbons frais ; ils assurent que le vieux charbon ne colle pas bien.

J'ai voulu vérifier cette assertion moi-même, et, pour cela, j'ai fait fabriquer en Belgique deux tonnes de coke avec des charbons gras de Jolimet et Roinge qui, depuis six mois, étaient restés sur le rivage ; on avait eu soin de l'enfourner dans un four bien chaud placé au centre d'un groupe de fours en bonne allure ; la cuisson a duré quarante-huit heures comme à l'ordinaire ; elle a été conduite dans les mêmes conditions que celle des fours voisins où l'on avait enfourné des charbons frais.

Cependant le coke que l'on a obtenu était mal formé, en partie pulvérulent et trop mauvais pour être livré au commerce.

Ce résultat ne pouvait provenir que d'une chose, du départ, par l'exposition à l'air, du principe gras qui fait coller le coke.

Ce principe se dégage aussi à une température peu élevée ; j'ai fait chauffer à une température inférieure à 300° des houilles grasses réduites en poudre, puis je les ai calcinées dans un creuset ; elles donnaient un résidu pulvérulent. Les mêmes houilles, calcinées sans avoir été préalablement desséchées, donnaient un coke bien formé.

Ainsi le principe gras de la houille, celui qui détermine l'agglutination de toutes les parcelles qui la composent lors de la calcination, disparaît sous l'influence d'une température de 200° à 300° ; après qu'il a disparu, la houille cesse de se coller et de se boursoufler sous l'action de la chaleur.

La pression atmosphérique influe-t-elle sur le dégagement du grisou ? est-il plus rapide lorsque le baromètre baisse, moins abondant et rapide lorsqu'il monte ? La plupart des ingénieurs qui dirigent les mines où il y a du grisou, croient à l'influence de la pression atmosphérique sur le dégagement du gaz. Il est certain que lorsque le temps est lourd et orageux, le gaz paraît en plus grande abondance dans la veine que quand le temps est beau ; mais cela peut tenir à ce que les moyens de ventilation, ventilateur ou foyer d'aérage, sont affectés par les variations atmosphériques et n'agissent plus avec la même puissance. Je n'ai point cherché à résoudre cette question, mais j'ai voulu m'assurer si le gaz hydrogène carboné se dégage, quelle que soit la pression de l'atmosphère ambiant.

Voici l'expérience que j'ai faite :

J'ai mis dans un vase de forme cylindrique en cuivre 20 kilogrammes de charbon menu de l'Agrappe provenant de gros morceaux fraîchement sortis de la fosse et pulvérisés rapidement ; puis j'ai hermétiquement fermé le vase, et, à l'aide d'une pompe de pression, refoulé de l'air à l'intérieur jusqu'à ce que la pression atteignît cinq atmosphères ; un robinet était placé à la partie supérieure du vase ; on avait la précaution de l'ouvrir un instant et de laisser échapper quelques litres d'air afin de faire partir le gaz hydrogène carboné qui aurait pu se dégager lors de l'introduction du charbon menu.

Ce même robinet servait à recueillir du gaz ; vingt-quatre heures après l'introduction du charbon menu, le gaz recueilli brûlait au contact d'un corps allumé ; c'était de l'hydrogène carboné. L'expérience fut répétée sur plusieurs litres recueillis successivement et donna toujours le même résultat.

Ainsi une pression de cinq atmosphères n'empêche pas le dégagement du grisou ; peut-être l'augmentation de pression a-t-elle pour effet de rendre le dégagement moins rapide ; mais on ne saurait l'affirmer ; ce qui est positif, c'est qu'elle ne l'empêche pas.

Les charbons provenant de mines où il n'y a point de grisou subissent-ils quelque perte par leur exposition à l'air ? Il est possible qu'ils laissent dégager spontanément des gaz, tels que l'azote et l'acide carbonique ; s'il en était ainsi, plus de soin devrait être apporté à l'aérage de beaucoup de mines dans lesquelles il est négligé au grand détriment de la santé des classes ouvrières ; il serait même du devoir de l'administration d'intervenir et de prescrire l'emploi des mesures efficaces.

Des faits que nous venons d'exposer on peut déduire les conclusions suivantes :

1° La houille éprouve, par une dessiccation à la température de 100° et au-dessus, une perte supérieure à celle qu'elle subit dans le vide sec ; avec l'élévation de température la perte augmente.

2° Sous l'influence d'une température comprise entre 50° et 330°, la houille subit une véritable décomposition, elle dégage des gaz, de l'eau et des huiles carbonées dont la proportion s'élève de 1 à 2 p. 100 ; la perte augmente avec l'élévation de température ; ce qu'il y a de remarquable, c'est qu'à une température de 200° à 300° la houille perd complétement le principe gras qui détermine la formation du coke lors de la calcination.

3° Les gaz dégagés par les houilles provenant de mines à grisou consistent principalement en hydrogène carboné; ceux dégagés par les houilles provenant de mines où il n'y a pas de grisou, consistent principalement en azote et ne sont pas inflammables.

De là un moyen de reconnaître *a priori* si une veine de houille est suscep‑ tible de donner du grisou.

4° Les houilles provenant de mines à grisou s'altèrent par l'exposition à l'air; elles perdent de l'hydrogène carboné et une partie, sinon la totalité, du prin‑ cipe gras qui détermine la formation du coke lors de la calcination; elles se délitent souvent et tombent en poussière.

5° Le gaz hydrogène carboné se dégage lors même que la pression de l'atmo‑ sphère ambiant est quintuple de la pression atmosphérique.

De la classification des houilles. — Nous avons vu en tête de cette étude, que la classification des houilles repose sur un caractère particulier : la manière dont la houille se comporte pendant la combustion, et nous avons reconnu trois espèces de houilles qui sont : 1° la houille sèche, ne donnant pas de flamme et ne se collant pas ; 2° la houille grasse, appelée aussi houille maréchale, qui est col‑ lante et donne de la flamme ; 3° la houille maigre, à longue flamme, non collante et donnant un coke pulvérulent.

Au premier abord, cette classification est artificielle puisqu'elle ne repose que sur un caractère, et qu'une classification naturelle doit embrasser et comparer tous les caractères à la fois. Or il se trouve que la classification artificielle répond parfaitement à l'ensemble des caractères des différentes houilles, et en somme c'est une classification naturelle.

Voici la composition donnée par M. de Marsilly pour les trois classes de houilles.

1° HOUILLES SÈCHES

Proportion d'hydrogène.	3,72 à 4,17
Proportion de carbone total.. . . .	90,36 à 93,44
Proportion d'oxygène et d'azote. . .	2,70 à 5,68
Proportion de carbone fixe.	89,28 à 93,25

(N'existant pas à l'état de combinaison).

2° HOUILLES GRASSES

Proportion d'hydrogène..	4,68 à 5,11
Proportion de carbone total.. . . .	87,30 à 90,49
Proportion d'oxygène et d'azote. . .	4,73 à 7,55
Proportion de carbone fixe.	74,36 à 83,86

3° HOUILLES A LONGUE FLAMME

Proportion d'hydrogène..	5,21 à 5,80
Proportion de carbone total.. . . .	83,53 à 85,27
Proportion d'oxygène et d'azote. . .	9,87 à 14,01
Proportion de carbone fixe.	61,01 à 66,37

On voit d'après cela que la composition chimique est bien en rapport avec la manière dont les houilles se comportent pendant la combustion.

Les houilles sèches contiennent une faible proportion de gaz hydrogène, oxygène et azote, et cette proportion va en augmentant considérablement d'une classe à l'autre ; l'accroissement de l'oxygène et de l'azote est surtout sensible. Les houilles sèches renferment plus de carbone que les autres.

Dans certains cas cependant, les houilles grasses se rapprochent des houilles sèches par la teneur en carbone ; mais la distinction se rétablit si l'on remarque que la différence entre le carbone total et le carbone fixe va sans cesse en augmentant ; cette différence représente le carbone combiné, c'est-à-dire les carbures gazeux ou liquides, mais toujours volatils que renferme la houille.

La proportion de carbone combiné est surtout considérable dans les houilles à longue flamme, ce qui ne nous étonnera pas, si nous nous rappelons que ces houilles servent à préparer le gaz d'éclairage et qu'elles dégagent en même temps que ce gaz des goudrons, de l'acide acétique, des composés ammoniacaux.

La classification que nous venons de trouver bonne au point de vue chimique ne l'est pas moins au point de vue du gisement ; les houilles grasses se trouvent toujours entre les houilles sèches et les houilles à longue flamme, celles-ci sont donc les moins anciennes, et les premières sont les plus anciennes. Cette différence d'âge fait comprendre la différence de composition chimique : en effet, la carbonisation augmente avec le temps, à mesure que les produits volatils disparaissent.

Densité. — La densité des houilles est très-variable, on le comprend ; elle oscille entre 1,1 et 1,5, et la houille la plus communément répandue a pour densité un nombre voisin de 1,3 ; pour les houilles anthraciteuses, la densité dépasse 1,5, et pour l'anthracite elle arrive à 2,2.

Comme la houille est toujours employée en morceaux, le poids du mètre cube ne se déduit pas de la densité, et ce poids varie entre 750 et 1,000 kilogrammes. Les houilles en petits morceaux sont toujours plus lourdes que les autres, et il y a avantage à les acheter à la mesure ; au contraire, il vaut mieux acheter au poids les houilles en gros morceaux.

Cette considération du poids ne doit pas être négligée, par exemple lorsqu'il s'agit de donner à un grand navire sa provision de charbon.

Lignites. — Les lignites sont des combustibles fossiles postérieurs à la formation de la craie et antérieurs à l'époque actuelle. On voit d'après cette définition que les lignites peuvent avoir des âges très-différents, et par suite des caractères très-différents aussi.

Les uns sont homogènes, d'un noir foncé, semblables à la houille ; d'autres ont conservé la forme et l'aspect des tissus végétaux dont ils sont formés, et parmi ces derniers, les uns sont noirs et constituent le jayet, les autres sont brun marron et constituent les bois bitumineux.

Les principaux gisements de lignites existent dans le Tyrol, dans la Carinthie, en Autriche, dans la Bohême et la Saxe, et dans la Hesse rhénane. On en rencontre en France entre Aix et Toulon, et aux environs de Soissons.

Les couches de lignite sont en général peu larges et très-profondes. Elles sont formées par des arbres entremêlés.

Le cube extrait annuellement en Europe peut être évalué à cinq millions de tonnes environ.

Formation des lignites. — La formation des lignites est analogue à celle de la houille ; elle est due à une carbonisation lente d'arbres et de végétaux. Mais ici l'explication, que nous n'avons pas reconnue admissible pour la houille, pourrait bien être vraie ; les lignites peuvent avoir été formés en plus d'un point par l'engloutissement au fond des eaux de ces radeaux énormes d'arbres entrelacés que les grands fleuves comme ceux de l'Amérique emportent jusqu'à la mer.

Ces arbres humectés s'alourdissent et finissent par descendre au fond de la mer où ils se décomposent lentement, sans perdre leur forme primitive.

Dans les lignites, ce ne sont plus, comme dans la houille, des végétaux d'ordre inférieur que l'on rencontre : ce sont de véritables arbres analogues à nos espèces (peupliers, saules, sapins) ; ils s'en distinguent toutefois par la grandeur de leurs dimensions. Leurs diamètres sont considérables, on en connaît qui atteignent 4 mètres ; les cercles, qui marquent l'âge et qui correspondent chacun à une saison de végétation active, se comptent par milliers. Les arbres de nos jours prennent chaque année un nouveau cercle ; il est probable qu'autrefois le cycle des saisons était moins long que notre année actuelle, et que la croissance des végétaux était plus active.

Composition chimique. — Elle est variable suivant l'âge des lignites, et aussi suivant l'essence des arbres, suivant la nature des matières minérales qui se sont déposées dans la masse poreuse.

Voici quelques analyses de lignites :

	CARBONE	HYDROGÈNE	OXYGÈNE ET AZOTE	CENDRES
Lignite anthraciteux de Hesse.	75,49	4,12	15,11	7,27
Lignite ordinaire de Hesse.	63,78	5,12	27,67	3,42
Lignite des Bouches-du-Rhône..	63,01	4,58	18,98	13,43
Lignite des Basses-Alpes.	69,05	5,20	22,74	3,01
VOICI LA MOYENNE DE NOMBREUSES ANALYSES :				
Lignites, cendres déduites.	66,53	5,58	27,89	»
Lignites avec leurs cendres.	60,50	5,08	25,36	9,05
Ou en nombres ronds.	60,00	5,00	26,00	9,00

Ici encore, nous vérifions les principes reconnus vrais dans la classification des houilles, et posés par M. Regnault :

1° La richesse en carbone augmente à mesure que les combustibles appartiennent à des terrains plus anciens ;

2° La richesse en oxygène suit une marche inverse, et augmente à mesure que l'on considère des terrains plus jeunes.

Cela veut dire que la composition des combustibles minéraux se rapproche d'autant plus de celle du bois qu'ils appartiennent à des terrains moins anciens, et cela nous explique pourquoi les lignites sont moins riches en carbone et plus riches en oxygène que les houilles.

Les lignites, au moment de leur extraction, renferment de 30 à 40 pour 100 d'eau ; desséchés à l'air, ils finissent par n'en plus retenir que 8 pour 100.

Les lignites s'enflamment bien plus facilement que la houille, et cela se comprend puisqu'ils se rapprochent plus qu'elle du bois ; ils donnent de la flamme avant d'atteindre le rouge, et dégagent en brûlant une odeur acide et bitumineuse, due à l'acide pyroligneux. Ils ne fondent pas et ne s'agglutinent point ; à la distillation, ils donnent du gaz, de l'eau, des huiles, de l'acide pyroligneux.

Certains lignites se rapprochent de la houille ; on les en distingue par ce fait que la houille qui ne donne plus de flamme se recouvre d'une pellicule blanche et s'éteint, tandis que le lignite se recouvre bien de la même pellicule, mais continue à brûler comme la braise.

Le lignite est donc employé comme combustible ; les échantillons qu'on appelle bois bitumineux servent en ébénisterie, et le jayet ou jais, qui est susceptible de recevoir un beau poli, est employé comme ornement et comme parure.

Tourbe. — Depuis l'antiquité, la tourbe a été employée comme combustible dans quelques pays pauvres, et cela devait être puisqu'on la trouve à la surface du sol.

Toutes les fois qu'un pays est marécageux, quelquefois même lorsqu'il est sableux et qu'une nappe d'eau se trouve à peu de profondeur au-dessous du sol, si en outre le climat est tempéré, il se développe dans ce pays une végétation puissante. Elle se compose non point d'arbres de haute taille, mais des végétaux les plus simples comme organisation, par exemple des mousses et des roseaux. Personne n'ignore combien l'humidité est favorable au développement de la vie végétale ; aussi les plantes des marais prennent-elles une croissance rapide, puis elles meurent, et leurs débris forment une couche charbonneuse que viennent successivement augmenter de nouvelles dépouilles.

La carbonisation est lente et s'accentue à mesure que dans une tourbière on attaque des couches plus profondes.

La couche superficielle est très-légère, c'est une espèce de feutrage jaune brun avec des débris très-nets (1 mètre cube de cette couche peut ne peser que 350 kilogrammes). Plus profondément, on rencontre des couches plus terreuses, plus noires et plus lourdes, parsemées encore de débris végétaux ; mais ces débris sont uniquement formés des parties résistantes telles que les racines d'arbres ; il semblent encore frais et parfaitement conservés, mais ils s'altèrent rapidement à l'air et deviennent cassants. Enfin, en descendant plus profondément encore, on arrive à des couches formées d'une masse noire, homogène, susceptible de recevoir un beau poli, et assez lourde pour peser quelquefois 1,200 kilogrammes le mètre cube.

La tourbe se forme encore de nos jours, puisque les mêmes causes de formation existent toujours, et l'on estime que, suivant les cas, la hauteur de la couche qui prend naissance en un siècle est comprise entre 1 et 25 mètres.

Extraction de la tourbe. — Cette extraction se fait très-simplement, soit au moyen de la bêche ou louchet, soit au moyen de la drague.

Le louchet ne peut s'employer que dans les tourbières non couvertes par les eaux ; sinon, il faut au préalable dessécher le marécage au moyen de fossés convenablement combinés. Un ouvrier muni d'un louchet découpe la houille en tranches verticales, et un autre ouvrier fait apparaître la face horizontale ; on détache de la sorte des briquettes que l'on transporte et que l'on dessèche à l'air.

La tourbe une fois enlevée, et les moyens de desséchement perfectionnés, on obtient un terrain fertile que l'on peut rendre à l'agriculture. C'est ainsi qu'on a vu s'élever des villages florissants là où s'étendaient autrefois des marécages funestes.

En Hollande, le desséchement de certains marais n'est pas toujours commode, et on recourt à la drague pour l'exploitation des tourbières.

Ces vieux procédés d'exploitation sont défectueux en ce sens que les briquettes obtenues sont souvent de densité très-faible, et par suite il faut un gros volume pour avoir peu de combustible utile ; de plus, la dessiccation à l'air est très-difficile, elle est irrégulière, la tourbe se fendille, se pulvérise, et sur les grilles des foyers produit un très-mauvais effet.

Devant les besoins toujours croissants, il a fallu chercher d'autres méthodes : on a inventé des machines, analogues à celles qui servent à fabriquer les briques ; ces machines prennent la tourbe, la moulent et la compriment, de manière à chasser à peu près l'eau contenue et à augmenter la densité dans de fortes proportions.

A cette opération, il y a un obstacle sérieux : c'est que la tourbe est parsemée de débris résistants qui s'opposent à une compression uniforme. En résumé, pour que les machines précédentes réussissent, il faut délayer la tourbe dans l'eau, de manière à en faire une bouillie claire ; les parties solides tombent au fond, la vase tourbeuse est décantée dans d'autres bassins où elle se dépose et où on la prend pour la transformer en briquettes.

Les méthodes de compression attendent encore de sérieux perfectionnements ; quoi qu'il en soit, on arrive ainsi à un prix de revient d'environ 12 francs la tonne pour la tourbe mise en briquettes. Pour arriver à une dessiccation convenable, on a été forcé de recourir à l'emploi de fours spéciaux.

Composition de la tourbe. — M. de Marsilly a fait une étude complète de la tourbe au point de vue chimique.

La tourbe subit à 100° une véritable décomposition ; ce n'est point seulement de l'eau qu'elle dégage, mais encore des produits carbonés qui se trouvent perdus pour la combustion ; de sorte que, pour analyser des tourbes, il ne faut pas les dessécher à la chaleur, mais simplement dans le vide sec.

La quantité d'eau perdue dans le vide sec peut varier de 2 à 8 pour 100, suivant que l'on expérimente une tourbe noire, compacte, ancienne, ou une tourbe grise, mousseuse, de formation récente.

Dans une étuve à 100°, la perte au contraire varie de 12 à 20 pour 100. Voici quelques analyses de tourbes :

	HYDROGÈNE	CARBONE	OXYGÈNE ET AZOTE	CENDRES
Tourbe noire de Bresle (Oise), 1re qualité.	7,16	47,78	36,06	9,00
Tourbe mousseuse de Bresle, 2e qualité. . .	5,65	46,80	41,15	6,40
Tourbe noire mousseuse de Thésy, 2e qual.	5,79	43,65	36,66	14,00
Tourbe blanche moderne de Remiencourt.	2,22	12,99	19,71	65,08

Là encore, nous vérifions la remarque déjà faite plusieurs fois que la proportion de carbone est d'autant moindre que le terrain est plus jeune et que la proportion d'oxygène suit une marche inverse.

Le pouvoir calorifique de la tourbe est donc bien moins élevé que celui de la houille. Si l'on tient compte des cendres et de l'eau, on trouve que la tourbe donne moitié moins de calories que les houilles grasses.

La proportion d'azote varie de 2 à 2,5 pour 100 ; elle est double de celle que renferme la houille.

En desséchant la tourbe à 100°, on perd une partie des principes combustibles, mais on obtient un combustible dont le pouvoir calorifique est plus élevé. L'accroissement de ce pouvoir calorifique doit tout au plus balancer la perte subie.

Pour terminer, nous dirons qu'en principe, il n'y a avantage à brûler de la tourbe pour le chauffage des chaudières à vapeur qu'autant que la tonne de tourbe coûte moitié moins que la tonne de houille ordinaire.

Combustibles préparés industriellement. — Agglomération des houilles. Dans toutes les mines, l'exploitation des diverses assises donne naissance à une quantité considérable de menus, que l'on ne peut utiliser directement dans les foyers, car la combustion ne se propage pas dans leur masse. On a tiré un excellent parti de ces débris en les agglomérant, c'est-à-dire en les réunissant en briquettes au moyen d'un ciment.

Cette méthode, qu'on regardait comme un expédient, est devenue ensuite un procédé fort utile pour fabriquer des combustibles ayant telle ou telle propriété ; on y arrive en mélangeant convenablement des menus de diverses provenances, et ces menus peuvent être débarrassés à l'avance par des lavages méthodiques des matières étrangères qu'ils renferment.

Lorsque parmi les menus, il en est qui appartiennent à des charbons collants, on peut, en se servant de moules portés à une température élevée, agglomérer directement tous les débris, et on évite ainsi l'inconvénient d'un ciment coûteux et quelquefois nuisible. Ce procédé direct n'a pas réussi jusqu'ici dans la pratique.

Le ciment le plus anciennement répandu est la terre glaise : on délaye les menus avec un 1/10 de leur poids de terre glaise, et on en fait des briquettes. Mais il est clair que c'est là un mauvais combustible donnant jusqu'à 20 p. 100 de cendres, et qui ne saurait guère convenir qu'aux usages domestiques.

En 1833, on eut l'idée d'employer comme ciment le goudron de houille, et l'on obtint de la sorte d'excellents combustibles; mais les briquettes ainsi formées ne sont pas solides et répandent une odeur désagréable. L'odeur et la désagrégation tiennent à la même cause, le dégagement des substances volatiles du goudron ; on évite ces inconvénients en employant le brai gras, c'est-à-dire le goudron débarrassé de 25 p. 100 de matières volatiles. Enfin, plus récemment, on a recouru au brai sec, c'est-à-dire au goudron débarrassé par une température de 300° de toutes les substances volatiles qu'il renferme.

En France, la fabrication annuelle des agglomérés est de plus de 650,000 tonnes; malheureusement, la fabrication du goudron est limitée par la fabrication du gaz, et l'agglomération ne pourra se développer beaucoup que si l'on trouve un nouveau ciment ou une nouvelle méthode de compression.

. Les bons agglomérés doivent être sonores et homogènes, peu hygrométriques, ils doivent brûler avec une flamme vive et claire sans se désagréger, en ne produisant qu'une fumée grise peu intense. Ils ne doivent pas donner plus de 10 p. 100 de cendres. Dans ces conditions, ils sont préférables aux bons charbons ordinaires. Le prix de revient d'une tonne d'agglomérés est en Belgique de 13 francs, à Paris de 25 francs, pour la Compagnie de l'Ouest de 26 francs et à Bordeaux de 29 francs.

Coke. — Comme le bois, en se débarrassant de ses produits volatils, donne un combustible formé de carbone plus ou moins pur, de même la houille dis-

7

tillée abandonne ses huiles, ses carbures et ses gaz pour donner un charbon plus pur, appelé coke, et que l'on commença à préparer vers le milieu du dix-huitième siècle, lorsqu'il fallut substituer le charbon de terre au charbon de bois dans l'intérieur des hauts fourneaux.

Le coke possède une puissance calorifique supérieure à celle de la houille, et de plus il est débarrassé en grande partie des impuretés, des cendres et surtout du soufre, qui rendent la houille impropre au travail du fer.

Nous avons vu que les houilles non collantes ne s'agglutinent pas, et quelques-unes, au contraire, se délitent par la combustion ; les morceaux de houille collante sont seuls aptes à donner du coke convenable, parce qu'ils se soudent sous l'influence d'une température élevée et donnent des morceaux d'un gros volume.

RENDEMENT EN COKE DE DIVERSES HOUILLES

Lancashire.	52 à 62	p. 100.
Newcastle.	51 à 65	—
Houille grasse de Mons.	68 à 71	—
Houille d'Alais.	78	—
Houille de Blanzy.	56	—
Houilles grasses de Charleroi.	79 à 85	—
Houilles maigres de Charleroi.	87 à 92	—
Houilles grasses de Valenciennes.	66 à 75	—
Houille de Decazeville.	60	—
Houille de Commentry.	62	—

Si l'on préparait le coke avec la houille telle qu'on l'extrait, toutes les matières minérales de celle-ci se retrouveraient dans celui-là, et, comme la proportion de cendres pour le coke ne doit pas dépasser 8 p. 100, il en résulterait que le coke ne serait pas commode à employer. On a remédié à cet inconvénient en lavant la houille au milieu d'un courant d'eau dans un grand réservoir ; les substances minérales qu'elle renferme ont, en général, une densité bien supérieure à la sienne, et elles se trouvent mécaniquement entraînées au fond des réservoirs. Les charbons les plus purs se maintiennent à la surface, et donnent le meilleur coke. Le lavage de la houille est presque toujours précédé d'un broyage mécanique.

Par ces procédés, on enlève à la houille jusqu'à 6 p. 100 des matières minérales qui se seraient retrouvées dans les cendres du coke.

La houille, ainsi préparée, est distillée dans des fours de forme très-variable.

Le coke obtenu n'est point du carbone pur ; il en renferme une proportion un peu supérieure à 90 p. 100, avec 5 p. 100 de gaz (hydrogène, oxygène, azote) et 7 p. 100 de cendres.

CHAPITRE IV

ROCHES

Composition et caractères des roches principales : granites, gneiss, schistes, porphyres, trachytes, basaltes, laves. — Calcaires, dolomies, brèches, poudingues, conglomérats, argiles, marnes, sables. — Modes divers de formation des roches.

COMPOSITION ET CARACTÈRES DES ROCHES PRINCIPALES

Granites. — Les granites sont des roches composées, formées du mélange de trois minéraux précédemment étudiés : le quartz, le mica et le feldspath.

La structure d'agrégation de cette roche, c'est-à-dire la manière dont ses divers éléments sont agrégés les uns aux autres, est caractéristique ; la structure granitoïde est donc celle des roches formées de plusieurs minéraux associés à peu près dans les mêmes proportions.

Dans le granite, il est rare de rencontrer le quartz sous une forme cristalline bien définie ; il est presque toujours en grains. Généralement, ce quartz est blanc, et ses cristaux, quand il y en a, sont transparents et incolores ; quelquefois, cependant, ces cristaux affectent la teinte jaune du quartz enfumé, c'est-à-dire du quartz sali par des émanations bitumineuses.

Le mica est en lamelles caractéristiques ; il est facile avec un couteau d'enlever à ces lamelles d'autres lamelles brillantes, minces et élastiques. Le mica a toujours un éclat métallique, avec une couleur blanchâtre, noire ou verte ; ces teintes peuvent être mélangées dans le même morceau de granite.

Le feldspath est généralement sous une forme lamelleuse, quelquefois grenue, et alors le granite est à grains fins. Cependant on rencontre certains échantillons possédant du feldspath en gros cristaux d'un centimètre de long, donnant au granite la structure d'agrégation porphyroïde (l'apparence porphyroïde est celle d'une roche qui, comme le porphyre, est formée de gros cristaux se détachant sur une pâte homogène). Il y a souvent dans un même granite deux feldspaths mélangés ; c'est ainsi qu'on peut y rencontrer à la fois un feldspath rose (orthose) et un feldspath blanc verdâtre (albite ou oligoclase).

Le granite est une roche à éléments très-durs, mais elle se brise facilement ; et il est facile d'en enlever des éclats avec un marteau ; on peut l'employer avantageusement pour les chaussées d'empierrement. C'est une excellente pierre de taille ; cependant il ne faut pas s'en exagérer la durée. On trouve certains granites en état de décomposition plus ou moins avancée. Quelques-uns même finissent par se transformer en kaolin. Cette transformation se rencontre fréquemment dans le centre de la France, on ne la trouve point dans les Alpes.

Variétés de granite. Protogine. — Le granite peut voir son mica remplacé par un minéral pailleté, vert, le talc ou la chlorite et prend alors le nom de protogine. La protogine présente les structures d'agrégation les plus variées, depuis la structure granitoïde jusqu'à la structure porphyrique. Le mont Blanc et les aiguilles voisines sont formées de protogine; il en est de même des montagnes du Creusot. La protogine a dû apparaître sur le sol un peu après la période houillère; en effet, les masses éruptives qui en sont formées ont relevé sur leurs flancs les couches carbonifères, tandis que les couches postérieures se sont déposées horizontalement dans les cuvettes formées par l'éruption et gardent encore aujourd'hui leurs faces horizontales; si ces couches avaient existé au moment où la protogine est apparue, il est clair qu'elles auraient suivi le mouvement et qu'on les retrouverait aujourd'hui épousant le flanc des montagnes. Les terrains houillers voisins de la protogine ont été soumis au métamorphisme. Dans la protogine, on rencontre des masses plus ou moins résistantes; les noyaux résistants sont moins altérés que les autres par les influences atmosphériques, et ils restent debout, soit sous forme d'aiguilles, soit sous forme de pierres ovoïdes, qui, quelquefois, constituent les pierres branlantes.

Syénite. — La syénite est un granite bien connu dans l'antiquité; son nom vient de la ville de Syènes qu'on trouvait dans l'ancienne Égypte; c'est dans cette roche que les Pharaons faisaient tailler leurs sphinx et leurs obélisques.

L'obélisque de la pace de la Concorde à Paris est en syénite. C'est une roche dans laquelle une grande partie du mica est remplacée par de l'amphibole. La syénite est moins âgée que le granite; elle se rencontre souvent à côté des masses granitiques; dans le massif des Vosges, les deux extrémités, Béfort et Strasbourg, sont syénitiques, tandis que la partie centrale, Colmar, est granitique. Ce qui fait de la syénite une belle pierre d'ornement, c'est sa coloration : généralement, le feldspath y est rose et l'amphibole vert foncé, ce qui produit un contraste. La syénite se désagrège plus facilement que le granite; elle se présente en masses généralement peu homogènes.

Pegmatite. — La pegmatite ou granite graphique est un granite dans lequel le quartz est en cristaux complets dont les axes sont parallèles; l'aspect de cette roche représente comme une série de caractères hébraïques, d'où le nom de granite graphique. Cette roche forme la gangue de l'étain oxydé. Dans les mines d'étain, on trouve aussi l'hyalomite, sorte de granite qui ne renferme presque point de feldspath.

En résumé, le granite est une roche cristalline formée de trois éléments et quelquefois cinq, savoir :

Du quartz, une ou deux espèces de mica, une ou deux espèces de feldspaths.

Dans le granite, on rencontre beaucoup de minéraux contemporains qui sont : la tourmaline, l'amphibole, l'étain oxydé, le triphane, le molybdène sulfuré, le corindon, les grenats, l'émeraude, la topaze, la pyrite, les fers oligiste et oxydulé, etc.

Gneiss et Schistes. — Le gneiss est une sorte de granite dans laquelle le mica domine. Les lames de mica, ordinairement disséminées d'une manière irrégulière, se sont placées dans le gneiss parallèlement à un plan, il en résulte une série de zones donnant à la roche un aspect rubanné. On explique cette formation, soit en supposant que la masse liquide en repos s'est solidifiée lentement et a permis aux lames de mica de prendre une orientation stable, soit encore en disant que la traction opérée dans les coulées pâteuses par l'action de la pesanteur, a produit comme un laminage de la roche.

Le gneiss, que l'on appelle quelquefois granite rubanné ou schisteux (schisteux vient du grec *schistos*, divisé), est toujours associé au granite et recouvre ce dernier. Le granite est comme la fondation du sol terrestre, fondation qui repose sur les matières incandescentes de l'intérieur du globe, et le gneiss est la seconde assise, celle qui supporte les terrains de sédiment.

On trouve fréquemmènnt dans les gneiss de la tourmaline, des grenats, du molybdène sulfuré, du fer oxydulé, etc.

Le granite schisteux est fréquemment employé pour les constructions, par exemple, dans le Limousin; grâce à sa structure, il est facile à débiter en blocs réguliers.

A côté du gneiss, il faut placer le gneiss talqueux ; c'est une protogine dans laquelle le talc s'est disposé par bandes.

On trouve en Bretagne, près de Nantes, un gneiss feuilleté, qui contient de l'amphibole au lieu de mica ; c'est une syénite schisteuse.

Nous avons donné plus haut une cause de la formation du gneiss ; le plus souvent il faut considérer le gneiss comme une roche métamorphique.

En effet, le gneiss est toujours associé au granite et on passe de l'un à l'autre par gradations insensibles ; ce qui prouve en outre l'action métamorphique, c'est qu'on trouve des assises de calcaire métamorphique intercalées dans les assises de gneiss.

Dans les gneiss métamorphiques, comme dans les gneiss éruptifs, on trouve du quartz du feldspath et du mica.

Lorsque le fedspath vient à disparaître, les feuilles de mica se déposent par bandes et l'on se trouve en présence d'une roche feuilletée d'origine métamorphique, qu'on appelle micaschistes. Les micaschistes sont riches en minéraux cristallisés.

Dans le gneiss, le talc remplace quelquefois le mica ; la même substitution peut se faire dans les schistes et l'on obtient les talcschistes.

Les schistes, à base de mica ou de talc forment des couches considérables que l'on rencontre au-dessus des granites à la base des terrains anciens.

On observe à partir du granite, une série de roches métamorphiques, dans lesquelles l'action métamorphique a été sans cesse en décroissant : d'abord ce sont les gneiss, puis les mica et talcschistes, qui sont des roches parfaitement cristallisées ; viennent ensuite les roches qu'on appelle schistes micacés ou schites talqueux, qui se séparent en feuillets plus ou moins épais, plus ou moins continus, dans lesquels la structure cristalline est moins facile à reconnaître ; au-dessus on trouve les phyllades, puis les schistes ardoisiers qui se débitent en feuilles, mais dans lesquels on ne trouve plus trace de cristallisation ; au-dessus encore sont les schistes argileux en feuillets mal définis et peu solides, et enfin viennent les argiles.

Il faut considérer que la masse entière, depuis le gneiss jusqu'à l'argile, était primitivement composée seulement d'argile ; l'argile est une roche arénacée formée par les débris sableux que les eaux enlèvent aux roches et déposent ensuite dans les bas-fonds ; la masse argileuse tout entière a été métamorphosée, mais l'effet produit a été variable suivant la distance au foyer et les couches supérieures ont pu rester à l'état argileux.

Ardoises. — Les schistes ardoisiers donnent pour la couverture des édifices des ressources précieuses ; ils se débitent, plus ou moins facilement suivant la provenance, en feuillets minces, sonores et résistants, de couleur bleuâtre, que tout le monde connaît sous le nom d'ardoises.

On tire les ardoises employées en France de deux sources principales ; Angers et Fumay dans les Ardennes.

L'ardoise d'Angers est d'un grain très-fin, mince et légère, elle est moins solide et plus facilement altérable que l'ardoise des Ardennes.

L'ardoise d'Angers la plus estimée est celle qu'on appelle la carréé fine ; elle est rectangulaire et mesure $0^m,50$ sur $0^m,22$ et $0^m,005$. A Angers sur le port, elle vaut 25 francs le mille, et 56 francs en place à Paris. Au-dessous vient l'ardoise dite gros noir, plus petite que la précédente ; on classe au-dessous des ardoises plus ou moins tachées, plus ou moins rousses, dont la valeur descend au-dessous de 15 francs le mille.

Les feuillets de la roche ardoisière sont presque toujours verticaux ou très-inclinés, jamais horizontaux.

On doit refuser les ardoises qui renfermeraient des pyrites ou des matières organisées, celles qui seraient assez peu compactes pour absorber l'eau, parce qu'alors elles se briseraient vite et, en outre, laisseraient pourrir la charpente qu'elles recouvrent.

La meilleure ardoise est celle qui est la plus dure et la plus pesante ; les noires sont préférables, les bleu clair sont bonnes ; celles qui sont bleu foncé sont généralement spongieuses. Une bonne ardoise plongée dans l'eau pendant vingt-quatre heures de manière à émerger en partie, ne doit pas être mouillée sur plus de $0^m,01$ par l'ascension capillaire.

Les ardoises d'Angers durent trente ans ; celles des Ardennes peuvent durer des siècles.

Les ardoises auxquelles on donne une surface polie sur laquelle on écrit ou on dessine viennent de la Suisse ; elles semblent devoir leur aspect gras à une légère proportion d'huile ou de bitume. On a cherché à les reproduire artificiellement en mélangeant du sable quartzeux, du noir de fumée et de l'huile de lin.

Diorite. — Le diorite est une roche granitoïde qui ne renferme que deux éléments : l'amphibole et le feldspath. L'amphibole est l'actinote ou la hornblende ; le feldspath est l'oligoclase ou le labrador ; les cristaux de feldspath sont blancs et ceux d'amphibole vert foncé.

Il arrive quelquefois dans cette roche que l'amphibole se dispose par rubans de manière à donner un diorite schisteux.

Les diorites ont, comme les granites, subi l'action métamorphique, et on les trouve presque toujours associés à un schiste amphibolique, qui est formé de feldspath et d'amphibole.

PORPHYRES

Nous avons dit plus haut ce qu'était la structure porphyrique. C'est celle d'une roche formée d'une pâte dans laquelle sont disséminés des cristaux plus ou moins gros.

La composition et les propriétés du porphyre varient suivant la nature de la pâte et suivant le minéral cristallisé :

1° *Porphyre feldspathique ou feldspath compacte porphyroïde.* — Ce porphyre est une pâte de feldspath renfermant des cristaux de feldspath ; il est formé d'un seul élément se présentant sous deux formes différentes. Ce sont généralement des cristaux d'oligoclase qu'on trouve dans ce porphyre. La couleur la plus commune est un rouge très-prononcé. Il arrive quelquefois que la pâte est mélangée d'un peu d'amphibole et la couleur devient verdâtre ; c'est le cas du porphyre vert antique.

2° *Porphyre quartzifère.* — Il est formé d'une pâte feldspatique renfermant des cristaux de feldspath et des grains de quartz cristallisé. Le feldspath est tantôt de l'orthose, tantôt de l'oligoclase. La pâte est généralement rouge foncé, quelquefois brune ou grise, elle est fusible et donne un émail gris ; les cristaux de feldspath sont blancs, quelquefois verdâtres ou rosés, mais toujours avec une teinte claire qui se détache nettement sur un fond sombre. L'orthose est toujours le feldspath qui domine, l'oligoclase l'accompagne quelquefois.

Le quartz est en grains cristallisés, sous forme de dodécaèdres hexagonaux ; le quartz est incolore et transparent, ce qui permet de le distinguer immédiatement à la cassure ; quelquefois il est enfumé.

La pâte des porphyres, dans certaines circonstances, peut devenir terreuse. Ainsi il existe des porphyres feldspathiques terreux, que l'on appelle porphyres argileux (ou *Thon-porphyr*, en allemand) ; ces roches sont associées au terrain de grès rouge. On trouve des porphyres quartzifères dans le même cas, par exemple, en Saxe et en Cornouailles. En Bretagne, on a trouvé des filons de porphyre décomposés et réduits à l'état d'argile ; cette argile a été employée dans la construction du canal de Nantes à Brest. Les faits précédents montrent chez les porphyres une tendance assez marquée à la décomposition.

Le porphyre à pâte rouge sombre et à cristaux blancs, lorsqu'il est dur, est une des plus belles pierres que l'on connaisse ; il est susceptible de recevoir un beau poli et sert alors à la décoration des édifices et à la fabrication des objets d'art. En Égypte, on connait le porphyre rouge antique, dont les anciens faisaient des sépulcres, des baignoires, des obélisques ; l'obélisque de Sixte-Quint, à Rome, est formé par un gros bloc de ce porphyre. Au Louvre, à Paris, on peut admirer des bassins et des statues en porphyre.

Ce porphyre rouge antique, qui est fort dur, résistait très-bien sous le climat peu humide de l'Égypte ; mais en France, les pluies continuelles ne tardent pas à le décomposer et à l'exfolier ; un sphinx rapporté d'Égypte s'est trouvé placé au Louvre sous une gouttière, il est aujourd'hui complétement dégradé et méconnaissable.

TRACHYTES

Le trachyte est une des trois principales roches volcaniques qui sont : les trachytes, les basaltes et les laves.

Les trachytes présentent, comme composition, une grande analogie avec les porphyres feldspathiques ; ce sont des roches presque uniquement composées de feldspath en pâte, avec des cristaux disséminés de feldspath, d'amphibole et de mica. La pâte des trachytes est tantôt blanche, tantôt grise ou jaunâtre ; elle est poreuse.

Au nombre des trachytes, il faut placer les phonolites et les obsidiennes, dont nous avons parlé en traitant du feldspath.

Le trachyte affecte quelquefois la structure granitoïde, au point que la pâte poreuse finit presque par disparaitre, à cause de la multiplicité des cristaux qui sont ordinairement de l'amphibole hornblende et du mica noir.

On trouve encore certains trachytes mélangés de gros cristaux de feldspath donnant à la roche un aspect porphyroïde ; cet aspect est encore plus accentué dans certains trachytes, où l'on trouve, outre les gros cristaux de feldspath, des grains quartzeux.

Le caractère du trachyte est de présenter une pâte feldspathique poreuse, quelle que soit la proportion de cristaux étrangers mélangés.

Les trachytes sont des roches éruptives qui ont paru depuis le milieu jusqu'à la fin de la période tertiaire (leur âge se détermine, comme nous l'avons déjà dit pour les autres roches plutoniennes, par l'âge de la dernière couche sédimentaire déchirée et soulevée par le massif d'éruption).

En France, le groupe du Cantal est de formation trachytique et les montagnes hautes de 1500 mètres qu'on trouve.au centre du groupe, présentent des pics élancés et escarpés tout entiers en phonolite.

Le massif du Mont-Dore, que domine le pic de Sancy, est de formation trachytique ; la masse trachytique a une épaisseur qui atteint 800 mètres.

Parmi les massifs trachytiques, nous citerons encore la chaîne du Velay, avec le pic de Mézenc, et le massif du Chimborazo dans la chaîne des Andes, en Amérique.

Les trachytes sont de bons matériaux de construction ; lorsqu'ils sont durs, ils sont très-résistants à cause de leur structure poreuse. La cathédrale de Cologne est construite en belles pierres de trachyte granitoïde, que l'on trouve dans la Prusse rhénane.

BASALTE

Le basalte, qu'on a quelquefois regardé comme une roche simple, est une roche composée de labrador et de pyroxène. Elle existe quelquefois avec la structure granitoïde et l'on peut distinguer les deux minéraux cristallisés : pyroxène augite et labrador ; mais, le plus souvent, c'est une masse homogène, très-résistante, d'un noir bleuâtre, renfermant les deux minéraux fondus ensemble et indistincts.

Le basalte granitoïde se rencontre accidentellement dans la masse du basalte ordinaire.

Certains basaltes, par exemple, celui de la basse Silésie, renferme, outre le pyroxène augite et le labrador, de l'eau et du fer oxydulé magnétique qu'il est facile de séparer en pulvérisant la roche et promenant un aimant dans la poussière obtenue.

C'est surtout le pyroxène qui forme la plus grande partie du basalte, on l'y trouve assez souvent en cristaux isolés. On y rencontre aussi des cristaux isolés de péridot formant des nodules d'un vert olive qui contraste avec la masse noire de la roche.

Le basalte se présente dans la nature sous des aspects fort curieux : les masses basaltiques sont généralement formées de prismes à base hexagonale accolés les uns aux autres ; cela tient à ce que le basalte liquide est homogène, et qu'en se solidifiant il se contracte aussi d'une manière homogène, et se divise alors en prismes réguliers hexagonaux formant quelque chose d'analogue aux ruches d'abeilles. La figure 5 de la géologie représente ce mode de division caractéristique.

Dans le Vivarais, on trouve un exemple frappant de la formation basaltique ; du cratère de la Coupe part une longue coulée de basalte, que l'on peut suivre tout le long du flanc de la montagne, jusqu'à la base où la nappe liquide s'est étendue, puis s'est solidifiée et a produit un monceau de colonnes prismatiques accolées.

En d'autres endroits, le basalte est venu de l'intérieur en filons puissants, qui, quelquefois, sont arrivés jusqu'au jour et se sont épanchés sur le sol de manière à former des plateaux basaltiques, ou bien encore de véritables montagnes qui sont comme la tête d'un champignon dont la tige descend dans la terre. On reconnaît bien par ces exemples que le basalte est d'origine ignée et qu'il a été poussé de l'intérieur du globe à l'extérieur ; et, d'ailleurs, les terres voisines du basalte sont toujours métamorphisées et leurs fossiles charbonnés. Dans les basaltes en nappe, la partie inférieure qui touche au filon est prismatique, et la partie supérieure, au contraire, forme un plateau scoriacé, poreux, très-irrégulièrement divisé. Imaginez maintenant que des courants liquides enlèvent les couches peu résistantes que le basalte a traversées, il pourra rester une sorte de colonnade prismatique supportant le chapeau poreux et scoriacé dont nous parlions plus haut.

C'est ainsi qu'on s'explique l'aspect de la grotte de Fingal, que l'on trouve en pleine mer sur les côtes d'Irlande, et de la grotte des Fromages, que l'on connaît entre Cologne et Coblentz. Dans cette dernière, les colonnes se sont divisées horizontalement et forment une série de prismes superposés ; les arêtes de ces prismes se sont émoussées et ils ont quelque ressemblance avec des fromages empilés.

En fait d'accumulation de basalte, citons encore la chaussée des géants, que nous trouvons dans l'Ardèche sur les bords d'une petite rivière.

Le basalte fournit d'excellents matériaux de construction ; ces prismes sont tout taillés, par exemple, pour faire des pavés, puisque leurs hexagones ne laissent entre eux aucun vide. Dans le Vivarais on en a fait des bornes kilométriques très-convenables ; le basalte fournit encore de bons cailloux pour l'empierrement.

LAVES

Les laves composent une famille de roches, voisines tantôt des trachytes, tantôt des basaltes ; ce sont les déjections des volcans de l'époque moderne. Les plus anciennes appartiennent, en France, aux volcans situés en Auvergne, dans le Velay et dans le Vivarais ; ces volcans sont aujourd'hui éteints, mais ils sont encore parfaitement conservés, et doivent être bien postérieurs à la formation basaltique que leurs laves recouvrent. On peut dire qu'ils sont de l'époque quaternaire, bien que l'homme, par la tradition, ne mentionne pas les avoir vus en activité.

Leurs laves sont semblables à celles que vomissent les volcans actuels. Ces laves sortent du cratère liquides, portées à une haute température, et elles s'écoulent sur les flancs des montagnes ; elles se refroidissent lentement, et depuis longtemps l'écorce est solide quand l'intérieur est encore pâteux. On a vu s'enflammer des bâtons que l'on plongeaient au milieu d'une coulée de laves dont l'enveloppe était froide.

Cette enveloppe présente au plus haut point la structure scoriacée : en se solidifiant, la lave se contracte, mais le liquide intérieur n'obéit pas à ce mouvement, et il en résulte des déchirements nombreux ; la masse s'étire et se fendille, et les gaz qui se dégagent lui donnent, en outre, une certaine porosité.

Les laves qui se refroidissent les premières ont donc une apparence scoriacée qui les rapproche des trachytes.

D'autres se refroidissent lentement et prennent une structure compacte, ce sont les laves lithoïdes qui se rapprochent des basaltes.

Ces laves ont à peu près la composition des basaltes granitoïdes, sauf que le labrador y est remplacé par un autre silicate d'alumine.

En somme, la composition des laves est peu connue ; c'est surtout par leur origine qu'on les classe.

Les laves compactes sont très-dures, et on les emploie, à Naples, comme matériaux de construction.

Les laves scoriacées, ou tufs volcaniques, broyées et pulvérisées, fournissent de précieuses pouzzolanes.

CALCAIRES — DOLOMIES

En parlant des minéraux, nous avons exposé les principales variétés de calcaires et de dolomies.

Nous avons montré que le calcaire était un carbonate de chaux affectant diverses formes : calcaire cristallisé (spath d'Islande et arragonite), calcaire fibreux (stalactites, corail), calcaire saccharoïde (marbres), calcaire compacte (pierre à bâtir la plus employée), calcaire oolithique, calcaire terreux (craie et marne).

Les calcaires forment une grosse partie de l'écorce terrestre ; ils servent tous aux constructions d'une manière ou de l'autre ; mais ils ne sont presque jamais composés de carbonate de chaux pur et renferment, soit de l'argile, soit du quartz, soit des matières bitumineuses. Ils se présentent donc sous plusieurs aspects, dont nous nous réservons de donner la description dans la septième section de l'ouvrage qui traite de l'exécution des travaux.

Nous avons aussi rangé la dolomie parmi les minéraux, et nous en avons signalé les diverses variétés, qui se rapprochent des variétés du calcaire. Les dolomies métamorphiques sont compactes et grenues, rudes au toucher, de couleur jaunâtre ; elles sont presque toujours fendillées dans tous les sens on ne les emploie guère en construction. On a cependant tenté de faire des mortiers avec de la dolomie calcinée à la place de chaux.

ROCHES ARÉNACÉES

La masse de vapeur d'eau contenue dans l'atmosphère retombe en pluie et forme sur le sol des courants liquides d'une puissance variable, qui attaquent tous plus ou moins les roches qu'ils rencontrent. Les roches les plus dures sont entamées, et leurs fragments entraînés se déposent ensuite dans des eaux calmes ; il arrive qu'en plus d'un endroit, ces fragments sont agglutinés et soudés les uns aux autres par des ciments ou des pâtes de même composition chimique ou de composition différente. C'est ainsi qu'on explique la formation des roches arénacées.

A toutes les époques du globe, il exista des courants liquides plus ou moins énergiques ; de nos jours encore, nous voyons des torrents enlever aux montagnes des masses énormes de matière ; on doit donc trouver des roches arénacées dans presque tous les terrains.

La forme et la grosseur des fragments sont très-variables, et c'est ce caractère qui sert à distinguer les diverses roches.

On les appelle *brèches* quand les fragments sont anguleux ; *poudingues*, lorsque les fragments sont arrondis et ont une certaine grosseur. Les poudingues sont des pâtes renfermant des galets ou cailloux roulés. Les roches arénacées prennent le nom de grès, lorsque les fragments sont à l'état de petits grains.

Enfin, il existe une roche d'apparence homogène et compacte, qui cependant est arénacée ; c'est l'argile, formée d'éléments ténus, sorte de vase fossile, abandonnée par les eaux troubles qui avaient déposé d'abord les gros fragments, qui ne se tiennent pas en suspension. Les argiles comprimées par les couches postérieures ont pris, dans certains cas, une solidité très-grande ; d'autrefois, des influences métamorphiques leur ont donné un aspect schisteux, et elles constituent alors les schistes argileux.

Parmi les roches arénacées, il faut placer encore les *conglomérats*. Une roche en fusion, poussée de l'intérieur du globe, a rencontré sur son passage une roche fissurée, à laquelle le courant a enlevé de nombreux fragments ; ces fragments, à force de rouler, se sont arrondis et sont restés dans la pâte solidifiée. Cette pâte est souvent composée de trachyte ou de basalte, et la roche s'appelle conglomérat trachytique ou basaltique. La soudure entre la pâte et les fragments est quelquefois parfaite, à ce point qu'on ne distingue pas de solution de continuité, et qu'on passe insensiblement de la pâte porphyrique aux fragments englobés ; le grès rouge est un exemple très-net de cette disposition. Il arrive fréquemment que la pâte et les fragments sont de même composition ; ainsi, dans le Cantal, les conglomérats trachytiques ont été formés par du trachyte en fusion qui a entraîné du trachyte déjà solidifié.

Les roches arénacées se ressemblent beaucoup, bien qu'appartenant à des étages souvent très-éloignés, et cela se conçoit, puisqu'elles ont été formées par les mêmes procédés mécaniques ; elles peuvent donc se ressembler, bien que ne renfermant pas les mêmes éléments. C'est ainsi que des grès d'un âge bien différent peuvent offrir le même aspect. Quand on veut les étudier et les classer, la méthode la plus simple est de les prendre par rang d'âge.

Dans les terrains de transition, on trouve : 1° la brèche universelle, composée de fragments de roches anciennes, porphyre, granite, etc., reliés par une pâte feldspathique compacte ou pétrosilex ; on la tire d'Égypte, et c'est une pierre d'ornement ; 2° la grauwacke, roche grise, comme l'indique son nom, est composée de fragments de roches anciennes agglutinés par un schiste argileux ou par de l'argile. Quelquefois, par l'effet de quelque cause étrangère, la pâte argileuse s'est trouvée remplacée par une autre d'apparence feldspathique, quelquefois même par un schiste talqueux ou micacé. Les fragments sont le plus ordinairement des galets très-petits (granite, porphyre, quartz, etc.), et alors la grauwacke est dite à grains fins ; parfois, cependant, les galets sont assez gros pour que la grauwacke devienne un poudingue. Dans certains cas, les fragments de mica dominent, et comme ils sont lamelleux, ils se sont déposés dans le liquide en couches horizontales, ce qui donne à la roche une texture feuilletée ; c'est alors de la grauwacke schisteuse.

Dans le terrain houiller on trouve une belle couche de grès formée aux dépens des roches anciennes ; il contient beaucoup de galets siliceux réunis par un ciment argileux, et quelquefois très-riche en mica. Le grès houiller prend dans certains cas le nom de granite recomposé, parce qu'il est formé de grains de granite ; il contient beaucoup de mica, et, lorsque ce minéral a pu s'orienter, il s'est disposé par couches et donne au grès la structure d'un schiste micacé. Pour distinguer ces grès des véritables schistes micacés appartenant aux terrains anciens, il faut remarquer que, dans les grès schisteux, le mica ne miroite que dans le plan de stratification ; au contraire, dans le vrai schiste micacé, le mica est disséminé partout et miroite dans toutes les directions. Le grès houiller ressemble à la grauwacke, mais le ciment est beaucoup moins solide, parce qu'il est argileux. Le grès houiller passe insensiblement à des schistes argileux et à des argiles ressemblant à des grès à grains fins. Quand le grès houiller est à grains fins et que la pâte est résistante, on peut en tirer de belles pierres de construction.

Au-dessus du grès houiller, on trouve le grès rouge, composé d'un ciment marneux et sablonneux, coloré par de l'oxyde rouge de fer, englobant des galets de quartz hyalin. Il est souvent associé à des porphyres, qui sont entrés dans la pâte, de sorte qu'on peut dire que ce grès est à pâte porphyrique.

Vient ensuite le grès bigarré ; il est à grains fins, renfermant quelques noyaux de quartz, avec un ciment sablonneux et ferrugineux, lequel passe du rouge au vert dans un même échantillon ; de là vient le nom de grès bigarré.

Dans le lias, vient un grès formé de grains siliceux réunis par un ciment argileux blanchâtre ; il est employé comme pierre de taille.

Le grès vert est à la base des terrains crétacés ; il est parsemé d'une multitude de points verts qui sont dus à du silicate de fer ; ces grains ressemblent à de la chlorite, on a donné au grès vert le nom impropre de grès chlorité. On l'appelle aussi tuffau ou craie tuffau.

Le grès vert est composé de grains siliceux réunis par un ciment calcaire, et quelquefois aussi par un ciment siliceux.

Dans les terrains tertiaires, existent de nombreuses couches de grès formées de grains siliceux et de ciment argileux ; quelquefois ils se transforment en sables siliceux sans aucune cohésion. Ces couches se rencontrent à la hauteur de l'argile plastique et du calcaire grossier. Dans beaucoup de cas, les grès tournent ainsi au sable ; le sable est une roche composée de grains durs arrachés à d'autres roches et non reliés par un ciment ; les sables n'ont qu'une médiocre cohésion.

A la séparation des terrains tertiaires inférieurs et moyens (au-dessus du gypse et au-dessous du calcaire d'eau douce, dans le bassin de Paris), on trouve le grès le plus important, le grès de Fontainebleau. Il est composé de grains siliceux réunis par une pâte argileuse ou calcaire ; quelquefois cette pâte est siliceuse et alors le grès est dur et résistant, et on l'emploie au pavage.

Dans certaines régions, en Suisse par exemple, le grès de Fontainebleau est remplacé par la roche appelée molasse, qui est à pâte peu solide, et qui, quelquefois renferme de gros galets siliceux.

Comme nous l'avons dit plus haut, un grès dépourvu de ciment devient un sable ; c'est ainsi que, dans la forêt de Fontainebleau, des couches de grès se continuent par des couches de sables siliceux purs. On en trouve des couches dans beaucoup de formations, mais surtout dans les terrains tertiaires.

Certains grès durs fournissent de bonnes pierres d'appareil ; le grès bigarré a servi à construire la cathédrale de Strasbourg, et il s'est prêté au travail de la sculpture. Le grès rouge de Russie, près du lac Ladoga, est susceptible de recevoir un beau poli ; on en a fait le sarcophage de Napoléon Ier aux Invalides.

Dans le grès bigarré, on trouve quelques assises schisteuses qui fournissent des plaques minces dont on recouvre les maisons en Alsace et dans les Vosges. Les grès servent pour le pavage des rues, pour la fabrication des meules et des filtres.

Dans toutes les formations, on trouve une roche appelée brèche calcaire ; elle est formée de morceaux anguleux de calcaire reliés par un ciment calcaire, et tous ces éléments appartiennent au terrain même sur lequel repose la brèche, de sorte que la roche a pris naissance sur place.

ARGILES ET MARNES

· Les argiles sont des masses plus ou moins dures, qui absorbent l'eau et deviennent onctueuses au toucher ; délayées dans l'eau, elles donnent une pâte qui durcit au feu, et qui, refroidie, happe à la langue, parce qu'elle est sillonnée d'une masse de vaisseaux capillaires qui absorbent la salive ; les argiles ont une certaine odeur amère caractéristique.

On range sous le nom d'argile bien des roches différentes :

1° Le *kaolin*, qui est un silicate d'alumine pur, servant à fabriquer la porcelaine fine, et résultant de la décomposition des feldspaths. Nous avons vu que les feldspaths étaient des silicates doubles d'alumine et d'alcali ; l'alcali se dissout à la longue et laisse un silicate alumineux. Ce qui prouve cette origine, non-seulement pour le kaolin, mais pour les argiles ordinaires, c'est qu'il n'est pas rare d'y rencontrer une certaine proportion d'alcali.

2° Les *argiles ordinaires*, dont le type est l'argile plastique. Ce sont des combinaisons de silice, d'alumine et d'eau ; elles renferment 10 à 12 pour 100 d'eau, sont inattaquables par les acides, forment avec l'eau une pâte ductile dont on façonne les poteries ; l'eau n'y existe qu'à l'état de mélange, parce que le silicate l'absorbe facilement dans une proportion constante, et si l'eau y existait à l'état de combinaison, la roche se dissoudrait dans les acides, car tous les hydrates sont solubles. Cette classe d'argiles prend le nom d'argiles ordinaires ou terre à poteries.

3° Les *argiles smectiques* ou *terre à foulon*. Elles sont attaquables en entier par les acides, renferment 20 à 25 pour 100 d'eau à l'état de combinaison, forment avec l'eau une pâte non ductile, qui se déforme et se gerce au feu. Ces argiles forment avec les graisses un savon terreux, aussi les emploie-t-on à dégraisser les laines sous le nom de terre à foulon ; elles fournissent les meilleures pouzzolanes artificielles.

Entre les deux classes d'argiles, renfermant l'une 12 pour 100 d'eau mélangée, l'autre 25 pour 100 d'eau combinée, on en trouve beaucoup d'intermédiaires qui semblent être un mélange des deux autres.

Les deux classes ne diffèrent pas moins sous le rapport du gisement que sous le rapport des propriétés chimiques.

Les argiles plastiques sont toujours à la base des terrains, immédiatement au-dessus des grès ; ce sont des roches déposées par voie mécanique ; les eaux entraînant des matières solides ont déposé d'abord les gros fragments, lesquels ont formé les grès, puis les particules en suspension, lesquelles ont donné de la vase aujourd'hui transformée en argile. Cette vase provient de la trituration des roches feldspathiques anciennes, qui sont riches en silicate d'alumine, et elle renferme toujours un peu d'alcali.

Au-dessus des grès et des argiles plastiques, on trouve des roches sédimentaires, les calcaires, qui se sont déposés par voie chimique ; entre les couches de précipité calcaire, se sont déposées des couches d'argile, qui sont les argiles smectiques. On les trouve donc à la partie supérieure des formations, et elles ont pris naissance, non par un procédé mécanique, mais par voie de précipitation chimique ; ce sont des argiles hydratées, des sortes de terres auxquelles on ne devrait pas donner le nom d'argiles.

Kaolins. — On peut attribuer la formation des kaolins à la décomposition sur place des roches feldspathiques. Les kaolins ne sont point du silicate d'alumine pur ; on leur fait subir un lavage, et la partie ténue qui reste en suspension dans l'eau et se dépose ensuite dans des bassins, jouit seule des propriétés plastiques nécessaires pour la fabrication des porcelaines fines.

Les kaolins sont des roches d'un beau blanc, quelquefois un peu rose, à texture terreuse et grenue, renfermant des grains de quartz, de feldspath et de mica qui se déposent aussitôt quand on délaye la roche dans l'eau.

Le kaolin durcit par l'action du feu, mais ne fond pas, à moins qu'il ne renferme des grains de feldspath.

On trouve des kaolins dans tous les pays à montagnes granitiques ; quelquefois les petites masses de kaolins ont conservé la forme de cristaux de feldspath, qui tombent en poussière et laissent leur empreinte dans la masse. Les kaolins, susceptibles de servir pour la porcelaine sont rares, car beaucoup renferment de l'oxyde de fer qui colore la pâte, ou de la potasse qui la rend fusible.

Le kaolin de Saint-Yrieix, près Limoges, est réservé à la manufacture de Sèvres.

Argiles plastiques. — La véritable argile plastique est un silicate d'alumine pur ($2 Al^2 O^5, 3 SiO^3$), elle se prête à un façonnage aussi compliqué que l'on veut sans se briser dans les mains ; elle est infusible, et a beaucoup de peine à perdre toute l'eau qu'elle renferme ; à l'état ordinaire, elle forme des couches imperméables.

Sa couleur est le gris clair ; quelquefois elle est parsemée de taches ferrugineuses, et alors on ne peut l'employer pour la porcelaine ; d'autres fois elle est colorée en noir par du bitume ; mais ce bitume se volatilise par la chaleur, et en somme l'argile noire fournit de la porcelaine blanche.

Après calcination modérée, les argiles plastiques deviennent plus solubles dans les acides, ce qui indique que la combinaison de la silice et de l'alumine est en partie détruite ; dans cet état, les argiles sont très-aptes à donner de bonnes pouzzolanes. Par une forte calcination, au contraire, les argiles deviennent insolubles, et la chaux n'a plus d'action sur les pouzzolanes formées avec ces argiles. Par une chaleur très-élevée, les argiles finissent par perdre toute leur eau : broyées ensuite, elles ne forment plus de pâte ductile ; la combinaison chimique a donc été modifiée par la chaleur.

On trouve, près de Dreux, des argiles complétement infusibles, dont on fabrique les vases réfractaires, creusets de verreries, cornues à gaz, etc.

La terre de pipe est tantôt une argile blanche ou grisâtre, tantôt du kaolin.

Les argiles figulines servent à fabriquer les poteries communes, les terres cuites et les briques ; elles sont moins liantes et moins infusibles que les argiles plastiques qu'elles servent quelquefois à dégraisser. Elles contiennent 5 à 6 p. 100 de chaux carbonatée ou silicatée, avec une plus ou moins grande proportion de fer qui leur donne par la cuisson une teinte rouge ou jaune.

Marnes. — Nous venons de voir que l'argile figuline contient une certaine proportion de chaux ; si cette proportion augmente, on passe aux argiles calcaires et aux marnes. Les marnes renfermant 20 à 25 pour 100 de calcaire sont employées dans l'art du potier pour dégraisser l'argile plastique, l'empêcher d'éprouver par la chaleur un retrait trop considérable et par suite de se gercer.

La véritable marne est celle qui renferme à peu près parties égales de calcaire et d'argile ; elle possède la propriété de se déliter, c'est-à-dire de tomber en poussière à l'air, et on l'emploie comme amendement. Elle produit un effet rapide puisqu'elle se pulvérise et présente en chaque point du sol à la végétation la chaux qui lui est nécessaire.

Nous devons citer encore parmi les argiles : 1° les argiles ocreuses, qui doivent leur couleur à de l'hydrate d'oxyde de fer et que l'on emploie en peinture ; 2° les argiles ferrugineuses qui sont rougies par de l'oxyde de fer non hydraté, et qui, dans certains cas, constituent la sanguine. Les ocres et la sanguine sont des couleurs employées dans les arts.

Argiles smectiques ou d'origine chimique. — Ces argiles ont une cassure esquilleuse et demi-transparente, qui les sépare nettement des argiles précédentes.

Le type de ces argiles est la terre à foulon, employée depuis une haute anti-quité au dégraissage des laines et des draps; sa couleur est gris verdâtre, elle est onctueuse et savonneuse, aussi tendre que de la cire, à cassure légèrement esquilleuse, se délite dans l'eau, tombe en poussière par la chaleur et fond au chalumeau pour donner un émail gris.

Ces argiles sont hydratées ainsi que nous l'avons dit; mais, en outre, elles renferment plus d'alumine que les argiles plastiques.

MODES DIVERS DE FORMATION DES ROCHES

Nous avons exposé plus d'une fois dans le cours de l'ouvrage le mode de for-mation des diverses roches. Nous n'avons ici qu'à résumer et à rappeler ce que l'on sait déjà.

Lorsqu'on pénètre dans les profondeurs du sol, on sent la température croître sans cesse, et l'on reconnaît que cette température s'élève d'un degré centigrade à mesure que l'on descend de 33 mètres. Si l'on songe que le rayon terrestre est d'environ 6,600,000 mètres, en admettant même que la loi d'accroissement de température soit moins rapide quand la profondeur augmente, on ne peut s'em-pêcher de reconnaître que la température du centre de la terre doit atteindre une élévation dont nous ne pouvons nous rendre compte; à cette température toutes les substances connues doivent être à l'état gazeux, à moins que l'énorme pression qu'elles supportent ne les maintienne liquides.

La théorie de la terre, conçue par Laplace, dans sa mécanique céleste, nous la représente comme formant à l'origine une masse gazeuse incandescente, par-courant son orbite tout en tournant sur elle-même à travers les espaces pla-nétaires.

Or, à mesure que l'on s'élève dans les airs, la température diminue et les aéro-nautes ont rencontré plus d'une fois sur leur passage des aiguilles de glace; les espaces planétaires doivent donc être à une température très-basse et cette masse gazeuse qui forme aujourd'hui la terre devait rayonner vers les espaces d'énormes quantités de chaleur.

La terre se refroidit donc peu à peu (elle se refroidit encore aujourd'hui), et au centre du globe gazeux se forma un noyau liquide s'accroissant sans cesse; nous verrons en mécanique que ce noyau liquide tournant autour d'un axe de-vait prendre la forme d'un sphéroïde aplati aux pôles; la terre solidifiée a gardé cette forme.

Le noyau liquide restait entouré d'une atmosphère gazeuse qui, portée à une haute température devait renfermer les vapeurs de substances que nous ne connaissons aujourd'hui qu'à l'état solide. Ces vapeurs, lourdes et métalliques, occupaient les parties basses de l'atmosphère; les parties hautes étaient rem-plies par les gaz de nos jours.

Le refroidissement continuant, le noyau liquide finit par se recouvrir d'une écorce solide; mais cette écorce, en se solidifiant, éprouvait un retrait et se fen-dillait; d'autre part la masse intérieure subissait l'action attractive des astres voisins et s'allongeait dans leur direction, comme l'Océan le fait encore; ces marées souterraines brisaient l'enveloppe, et par les fentes ou failles ainsi formées, s'élançaient des masses liquides qui venaient s'épancher à la surface et s'y solidifier pour former des montagnes.

Ces roches primitives sont les granites anciens et les filons métalliques qu'ils renferment; ils sont comme la fondation qui supporte notre globe.

Le phénomène se poursuivant, la vapeur d'eau de l'atmosphère finit par se condenser elle-même et par tomber en pluie bouillante sur l'écorce solide, pour se vaporiser de nouveau et remonter dans les espaces. Toutes ces réactions chimiques étaient des sources puissantes d'électricité qui devaient amener des orages et des trombes dont nous ne soupçonnons pas la violence. La terre entière était enveloppée par les eaux.

Les granites s'altéraient rapidement sous l'influence mécanique et chimique des eaux bouillantes et des gaz qu'elles renfermaient en dissolution ; ils se résolvaient en grains plus ou moins fins qu'entraînaient les courants et qui allaient se déposer au sein des eaux tranquilles. Ces dépôts sédimentaires, soumis à l'influence de la chaleur interne, ont éprouvé des effets métamorphiques et ils formèrent les schistes, les gneiss, les argiles schisteuses qui constituent le terrain primitif.

Plus tard, quand la masse eut perdu beaucoup de sa chaleur, l'atmosphère finit par laisser tomber toutes les vapeurs qui la rendaient obscure et qui arrêtaient au passage les rayons solaires nécessaires à la vie. La végétation prit naissance ; trouvant dans l'eau tiède et dans l'acide carbonique de l'atmosphère un aliment puissant, elle se développa rapidement et bientôt fut assez forte pour donner naissance au terrain houiller. En même temps, ne tardaient pas à paraître les premiers animaux ; dans les époques suivantes, la vie végétale et animale devint de plus en plus complexe et ses représentants plus nombreux.

A mesure que l'on s'éloigne de l'origine, les rébellions de la masse liquide enfermée dans le globe deviennent moins fréquentes ; cependant, elles arrivent plus d'une fois à changer la face de la terre et produisent des déluges et des courants liquides détruisant et entraînant les roches sur leur passage. Tous ces débris se déposent ensuite et s'assemblent pour former des assises d'argile, de grès, de sable, etc.

Par les fissures qu'amènent les tremblements de terre, s'élancent des filons, des mélanges d'hydrocarbonates de chaux et de magnésie, qui se délayent dans les eaux, perdent leur excès d'acide et se déposent à l'état de calcaires et de dolomies.

Là, une communication s'établit entre l'intérieur du globe et l'atmosphère, des matières en fusion s'échappent et s'écoulent des cratères pour former des amas de basaltes et de laves.

Les glaciers transportent avec eux des blocs erratiques, des cailloux, des débris de toutes sortes, puis ils fondent et abandonnent toutes ces matières solides.

D'après les explications précédentes, on conçoit bien le mode de formation de toutes les roches, que l'on peut ranger dans trois grandes classes :

1re CLASSE : ROCHES ÉRUPTIVES. . .	1er *genre.* . . .	granites.
	2e *genre.* . . .	porphyres.
	3e *genre.* . . .	roches volcaniques.
2e CLASSE : ROCHES SÉDIMENTAIRES. .	1er *genre.* . . .	Roches formées par dépôt mécanique.
	2e *genre.* . . .	Roches d'origine chimique.
3e CLASSE : ROCHES MÉTAMORPHIQUES. .	Gneiss, micaschistes, quartzites, calcaires et dolomies saccharoïdes.	

PARIS. — IMP. SIMON RAÇON ET COMP., RUE D'ERFURTH, 1.

Pl. I.

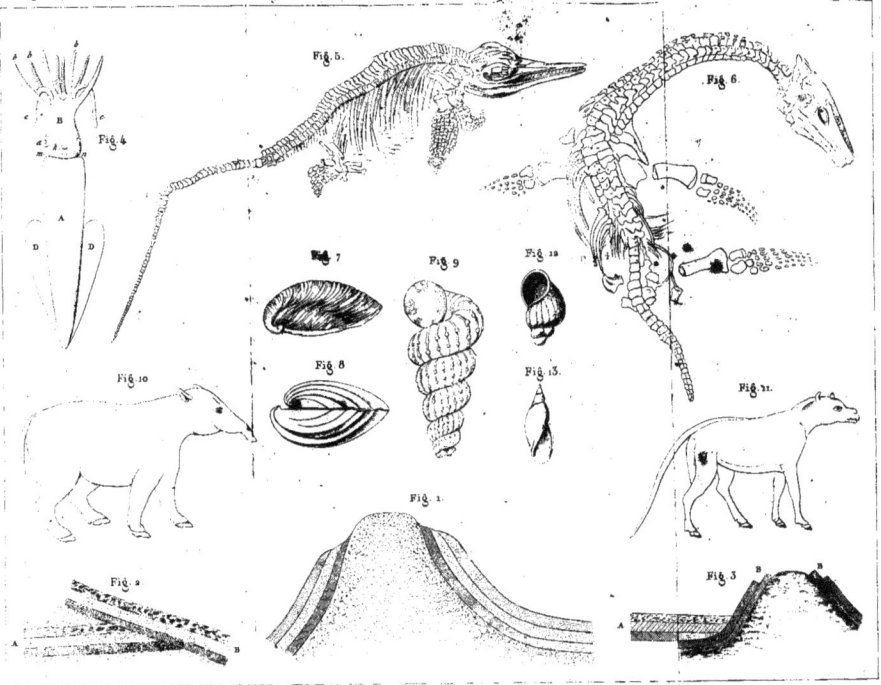

Fig. 5.

Fig. 6.

Fig. 4

Fig. 7

Fig. 9

Fig. 12

Fig. 8

Fig. 13.

Fig. 10

Fig. 11.

Fig. 1.

Fig. 2

Fig. 3

A. Fig. 1. Coupe dirigée de la Ronde Route du Bois de Meudon au Bas-Meudon (Ligne AB de la Fig. 1, Pl. I.)

A. Fig. 3. Coupe dirigée du Puits artésien de Cormeilles sur le Puits artésien de Trappes (Ligne CD de la Fig. 1, Pl. I.)

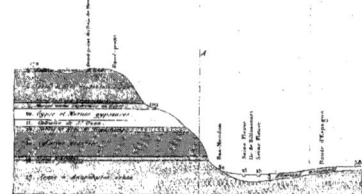

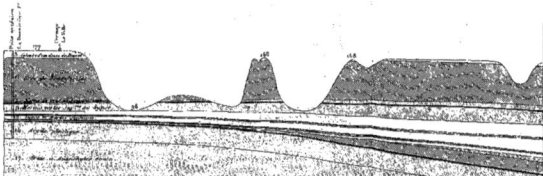

A. Fig. 2. (Suite.) Coupe dirigée du Puits artésien de Cormeilles-la-Ville sur le Puits artésien de Trappes (Ligne CD de la Fig. 1, Pl. I.)

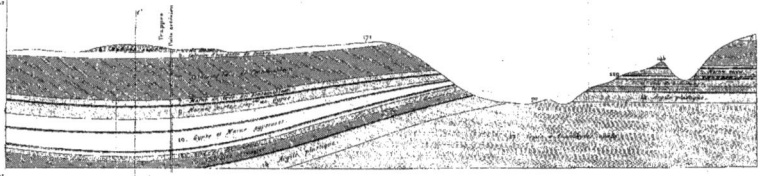

Pl. 3.

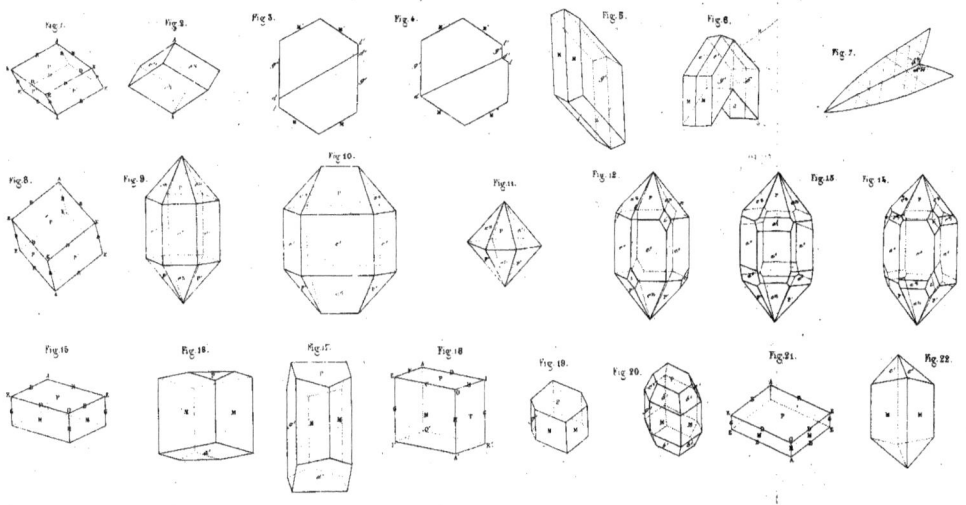

Fig. 1. Fig. 2. Fig. 3. Fig. 4. Fig. 5. Fig. 6. Fig. 7. Fig. 8. Fig. 9. Fig. 10. Fig. 11. Fig. 12. Fig. 13. Fig. 14. Fig. 15. Fig. 16. Fig. 17. Fig. 18. Fig. 19. Fig. 20. Fig. 21. Fig. 22.

www.ingramcontent.com/pod-product-compliance
Lightning Source LLC
Chambersburg PA
CBHW071206200326
41519CB00018B/5400